内容简介

用户对产品的健康、安全和舒适性要求越来越高，穿戴类的产品与人体接触面大，曲面形态复杂，其结构形态设计的宜人性受到高度关注。本书以足踝组织结构和外部形态曲面为基础，研究了以曲面重构、服装压力、运动和生物力学特征为技术手段的弹性护踝压力和半刚性护踝结构形态的宜人性设计方法。

本书可供设计专业研究与应用的科研工作者和相关工程技术人员阅读使用，也可作为高等院校相关专业师生的参考书。

图书在版编目（CIP）数据

足踝护具产品研究与设计/张春强著. —北京：化学工业出版社，2024.2
ISBN 978-7-122-44441-7

Ⅰ.①足… Ⅱ.①张… Ⅲ.①足-护具-产品设计 ②踝关节-护具-产品设计 Ⅳ.①TS941.727

中国国家版本馆CIP数据核字（2023）第217471号

责任编辑：陈　喆　　　　　装帧设计：孙　沁
责任校对：王　静

出版发行：化学工业出版社
　　　　　（北京市东城区青年湖南街13号　邮政编码100011）
印　　装：北京虎彩文化传播有限公司
710mm×1000mm　1/16　印张11　字数176千字
2024年4月北京第1版第1次印刷

购书咨询：010-64518888　　　　售后服务：010-64518899
网　　址：http://www.cip.com.cn

定　　价：128.00元

足踝护具
产品研究
与设计

张春强 —— 著

化学工业出版社

·北京·

前　言

　　下肢弹性穿戴产品能给人体提供特定的压力而具有不同功能，诸如静脉梯度压力袜、弹性运动护具等可以消除疼痛、辅助运动或预防运动过度而导致人体组织损伤，是下肢静脉曲张患者、运动员及各类体育运动爱好者的常用产品。这些弹性穿戴产品所提供的压力会受到人体姿态和下肢形态的影响而产生过大或不足的问题，不适当的服装压力不仅起不到相应的治疗和预防等作用，反而会对人体部位造成不良结果。用于人体关节保护的护具产品如护踝，其结构形态设计的宜人性更加受到关注。本书基于足踝内部组织结构和外部形态特征，采用曲面重构、服装压力、运动和生物力学等技术，提出了弹性护踝和半刚性护踝的宜人性设计方法。

　　本书研究主要受西安理工大学吉晓民教授的指导，也受到薛艳敏、殷媛媛、王旭鹏、胡刚等教授，以及西安理工大学工业设计系的同事们和西安市阎良区人民医院影像科的医生们的大力支持，在此表示诚挚的谢意。另外，笔者也参考了相关文献资料，在此一并表示真诚的感谢。

　　本书得到以下出版基金支持：106-451123004 人体下肢运动形态与弹性穿戴产品压力研究。

　　为了方便读者阅读参考，本书插图经汇总整理，制作成二维码放于封底，有需要的读者可扫码查看。

　　由于笔者经验和水平有限，书中难免有不足之处，敬请读者批评指正。

著者

目录

第 3 章
足踝数字化模型构建 　　　　　　　　　　　　　　　040

第 7 章
踝护具关键参数实验测试与用户体验   111

附录
足踝特征点及样本尺寸测量原始数据   124

参考文献   156

绪论

　　用户对产品的健康、安全和舒适性要求越来越高，广受工业产品设计研究人员的高度重视。穿戴类的产品与人体接触面大，曲面形态复杂，相应的产品在造型和结构等方面的设计所受到的影响因素较多，其设计数据量较大，形状修改难度较高，这些产品造型设计与人体尺寸、形态曲面特征等密切相关，这就需要结合人体测量数据、生理特征等，通过宜人性的产品设计，来满足用户使用舒适性需求。相反，不合理的设计可能对人体带来副作用，甚至伤害人体器官组织。然而，人体尺寸各不相同，生理特征存在差异，一款产品无法适合多数人群，但如果产品数量过多，又无法形成批量生产或是需要巨大的生产成本，因此，合理划分人体特征尺寸类型，再通过产品局部的可调性设计，可满足多数用户需求，既能形成个性化定制的效果，也能满足批量化生产的前提条件。

　　从运动与生物力学角度来看，人体是活动的，特别对于变化的人体局部形态，例如人体关节部位，其佩戴产品则要充分考虑人体形态变化这一特征，除产品造型设计与之匹配外，在功能结构上也要与之适应，否则，可能对人体运动产生影响。人体踝关节承受身体整个重量，甚至在运动过程中可能承受十几倍的体重，因此非常容易受到损伤，其中以韧带拉伤居多，且在损伤之后极易复发。护具可以保护足踝，佩戴踝护具也是防止运动损伤复发的有效方法。但是护踝产品类型多样，形态各异，因此踝关节护具产品的使用可以根据个人情况及喜好，无论是提供足踝压力的弹性护具，辅助足踝相关组织发挥作用，还是支撑类的护具约束足踝关节运动，防止角度过大而导致韧带拉伤，其都与足踝复杂形态曲面接触，变化的外部形态需要结合人体的骨骼运动规律，甚至是肌肉的发力、受力，韧带的尺寸变化等因素来分析。因此，基于人体运动与生物力学对产品功能结构合理规划，亦是保证产品舒适性和可靠性的关键途径。

　　现代科技突飞猛进，人体外部形态及内部组织可通过三维扫描、计算机断层扫描、核磁共振成像等测量技术获取精确的几何数据，通过动作捕捉、压力传感、肌电信号等技术可获取人体运动与生物力学的相关数据，再通过对各类数据的分析与处理之后，能够成为相关产品设计的可靠依据。本书基于以上测量技术，结合曲面造型技术对足踝形态曲面模型进行重构和分类；根据服装压力理论分析与计算，明确足踝复杂曲面的最大和最小压力分布；按照人体组织的解剖学功能，构建足踝运动学和简单力学模型，以此指导不同类型的护踝产品设计，并以弹性护踝和半刚性护踝为设计案例，对其舒适性和可靠性进行主客观测试，最终建立该类产品的设计方法。通过本书的研究，对大多数需要满足人体运动中形态变化的可穿戴产品，特别是对关节护具类产品的开发和生产具有重要的理论意义和实际应用价值。

第1章
足踝运动损伤与
护具设计相关技术

1.1 足踝运动与损伤

　　人体足踝运动是一个复杂的组合运动,主要包括跖屈、背伸、内翻和外翻等。多个对足踝关节运动的研究显示:足踝伸屈并不是沿着一个固定的轴线做旋转运动,但有相关实验指出足踝伸屈可以被视为具有一个特定的旋转中心,在足踝的被动运动中,受关节面支撑,韧带产生拉力,可以通过机械连杆机构模拟其伸屈运动规律,这个特定的旋转中心被称为距上关节旋转轴,是围绕距骨产生的,因此这个旋转中心也就是距骨轴,并且相关研究对距骨轴进行了角度测量。足内翻和外翻运动也被认为主要是由某个旋转轴产生的,但这个旋转轴是由多个关节组合而成,被称为距下关节斜行纵轴。距上关节主要产生背伸和跖屈,距下关节主要产生内翻和外翻运动,这两个关节分别具有一个固定的旋转轴,因此可以构建两个旋转的机构来模拟该部分的运动。另外,也有适于人体关节置换、步行辅助、康复训练,以及机器人步行等其他的机构,根据具体功能,通过不同方式描述的足踝运动。有学者将足踝运动分解为:矢状面的跖屈和背伸;横断面的内收和外展;冠状面的内翻和外翻。其中,矢状面上的运动范围在 $65° \sim 75°$,即 $10° \sim 20°$ 的背伸运动和 $40° \sim 55°$ 的跖屈运动。足踝运动过程是人体肌肉带动关节的运动,关节运动会受到骨骼形态和结构的影响。例如关节形态改变而引起病变,导致运动受到牵连,可以说明骨骼形态对运动方式会产生影响这一问题,有相关研究测量了足踝距骨的形态尺寸参数,通过形态变化,评估判断是否存在关节炎症,这些变化可能导致运动与步姿的变化。当然,即使不在病变的情况下,人体骨骼也会存在一定的个体差异,也会具有差异的运动表现，但是足踝运动的主要特征在基本结构和形态不变的情况下会保持一致。

由于人在站立姿势中踝关节承受约5倍的体重，在跑步等活动过程中承受13倍的体重，当人行走或体育运动时，侧韧带极易受到损伤。军事中足踝损伤也是最为普遍的一种。在高校，学生的运动中足踝也极易损伤（22.3%）和复发（15.8%）。篮球、网球、羽毛球、跳高等，特别在类似跳伞的运动和体操运动员落地冲击时，踝关节经常会受到损伤，军事跳伞中被证明每1000次的跳伞会造成6人受伤，甚至是有些水上运动项目。例如，Kristen报道了专业的风帆运动员小腿受伤率为38%，在连续14年中，风筝冲浪运动中有16%的足或足踝受伤，Hohn等报道1991～2016年间某个骨科中心专业冲浪者的医疗记录，在86名运动员的163次受伤中，足踝受伤率为22.1%，Inada等报告在65例受伤中，足或足踝是最常见的受伤部位（40%），然而这些都以韧带损伤为主。对多数运动员踝韧带拉伤机制的研究发现，韧带拉伤可能是在不同的跖屈状态下，主要是由于踝关节的过度或突然内翻引起的。Zhang等研究了人体在着落于倾斜度的表面时，地面的反作用力与踝关节运动力学之间的关系，指出足在斜面着地中，地面反力作用于内翻轴较远的位置，产生了较大的力矩，需要通过相应的肌肉力作用促使足踝回归正常角度，同时在人体足部着地时，踝关节内翻角度也会急剧增加，踝关节外侧的韧带会拉紧，因此，韧带和肌肉在具有较大的作用力时，容易被拉伤。很多足踝扭伤都是由于跳跃之后，着落在一个不平整的面上，例如足底落在凹凸的地面上，或者运动员踩踏到别的运动员的脚上，人体的重心会偏移到支撑关节位置之外，从而导致踝关节处于内翻角度急剧变化的状态，这种状况下踝关节外侧韧带经常被拉伤。在踝关节外侧韧带中，距腓前韧带位于足踝外前侧，是非常薄弱的韧带，在上述情况下通常会首先产生损伤，严重时距腓前韧带断裂，然后位于足踝外侧的跟腓韧带也会受到损伤。总之，踝关节外侧韧带因具体状况，会导致不同程度的损伤，主要分为3个等级，分别为一级（轻）、二级（中）和三级（重），表1-1显示了不同等级的症状。

表1-1　踝关节外侧韧带损伤程度

分级	症状表现
一级（轻）	表面韧带损伤，功能正常，或部分功能轻度丧失
二级（中）	部分韧带撕裂，部分功能丧失
三级（重）	韧带断裂，伴有踝关节骨折，出现踝关节不稳状态

1.2 基于人体运动生物力学的产品设计

人体运动学研究有助于相关产品的开发与设计，其参数获取方法包括：摄像与影像技术、光学动作捕捉技术、电磁感应式动作捕捉技术和惯性动作捕捉技术等。早期主要通过视频技术研究人体相关运动特征，特别是在体育运动方面的研究。例如 Kranz 等对 2008 年奥运会跳高运动员视频进行了研究，发现踝关节韧带损伤是由踝关节内收和内翻的运动引起的，同样，Panagiotakis 等、Fong 等分别通过电视录像对篮球运动员、网球运动员等进行了运动学分析，研究运动员脚踝扭伤机制。动作捕捉是近年来出现的一种先进技术，可以获得人体运动数据，一些研究表明产品设计舒适性可以通过人体运动与动作反映出来。例如，座椅研究中，Asundi 等研究分析腰椎弯曲度、骨盆倾斜度及其活动度与不舒适的关系，表明通过姿势变化可以判断座椅的不舒适性。在不同任务，如写作、计算机办公、笔记本操作等也都会对人体颈部、手腕等部位的舒适性产生影响；通过采用动作捕捉和相关软件分析的方法可以获得躯干、大腿、膝盖等部位的角度和力矩，对比分析数据差异评估产品的舒适性。Cai 等以满足用户不同睡姿和提升用户睡眠质量为出发点，结合人体测量方法对用户头、颈、肩部的相关特征尺寸进行测量和分析，开发了"U-FORM"造型的枕头。Yamamoto 等通过运动学分析足踝护具的效果。Halim-Kertanegara 等、Yen 等多位学者也通过人行走动作分析了慢性踝关节不稳定者在使用不同护具时的效果。Dewar 等人通过研究篮球运动员的投篮动作，对比分析了三种不同类型护具的效果。

在人体生物力学的研究中，通过测量人体肌力或肌腱力的大小，可以更好地理解人体生物力学机理，一般会借助力学传感器，获得人体运动过程中作用力或力学相关信号，可分析人体运动受力的影响情况。近年来，利用各类力学测量技术，例如肌电信号测量技术、足底压力测量技术，以及测力台等，再结合各类动作捕捉技术，进行综合运动测量，有助于分析人体运动过程中动作改变的原因和损伤机制。例如，Fong 等采用具有测量压力的鞋垫，测量了体育运动中踝关节角度运动产生的力矩，评估了足踝不同姿势着地时可能存在的损伤风险。步态分析在足踝运动生物力学和康复医学中备受关注，通过研究足踝正常步态和异常步态的特征，能够为人体相关病症的诊断和治疗提供科学依据。

例如，Northeast 等通过比较分析步态周期中，足踝不稳者与正常人的躯干和下肢运动及肌肉激活状态，得出站立阶段足踝不稳者由于内翻增加而促使足踝扭伤风险的结论。另外，建立生物模型，通过研究足踝着地时的应力分布，为足踝的损伤提供参照，并且可以利用 CT 或 MRI 扫描技术获取足踝关节各类相关数据，建立人体组织结构的有限元模型，通过有限元技术仿真，推测其内部的应力变化和分布情况，通过三维有限元模型可以量化足踝着地时的足部生物力学特性，包括足底压力分布和踝关节内部软组织应力分布等。由于各方面技术不断提升，关于运动损伤，除了着重研究骨骼结构及特征外，还更加关注人体软组织方面的损伤机制，例如韧带、肌肉肌腱、神经等，通过进一步的深入研究与拓展，对运动损伤的防护与治疗起到了很好的推动作用。我们国家很多机构也对运动损伤和生物力学方面有深入的研究，例如动作和装备等对运动损伤的影响，人体肌肉肌腱的特征及其与损伤之间的关系等。在体育学方面特别注重运动装备和场地的研究，例如关于运动鞋的研究强调：除了具有保护作用、减少运动损伤外，还着重研究如何提高运动成绩。因此，对于运动鞋的研究，不仅仅局限在性能检验方面，更加关注运动鞋舒适和安全，并且深入研究运动表现与影响因素的相关性，结合具体的运动项目，深入挖掘运动员需要，提出合理选材依据，展开个性化的设计。例如，结合下肢软组织的振动，在落地时不同类型的运动鞋鞋底气垫结构、材料、纹理等设计问题，这些因素涉及对走跑时的安全和功能表现的影响。总之，人体运动与生物力学研究已经成为现代研究的一个热点问题。

1.3 逆向工程和曲面造型

逆向工程（Reverse Engineering, RE）是将实物进行数字化，并通过几何模型重建转变为计算机模型，再加以应用和制造的过程。具体指利用三维扫描等相关测量技术对已知物件的有关信息进行数据采集，然后对采集的数据进行处理，再应用计算机重构技术构造出原物件的数字化三维模型，最后进行形态验证和快速制造。逆向工程可用于医学领域（例如人体关节制作与置换），也可用于考古领域（例如对文物的修复等），还可用于娱乐、艺术等其他领域。其中在产品设计领域应用较为广泛，通过逆向工程可以对产品进行改良与创新设计。

数字化测量包括接触（Contact）和非接触（Non-contact）两种方式，三坐标测量机（Coordinate Measuring Machine，CMM）就是典型的采用接触方式来进行测量，而非接触式测量方法中主要有光学非接触测量方法，其又分为主动式和被动式光学测量方法，例如激光扫描测量技术（Laser Surface Scanning）是通过高速激光扫描，获取测量物体表面高分辨率的三维数据，并可以通过专业软件直接建立三维模型。另外非接触测量还包括医学上经常使用的计算机断层扫描（Computed Tomography，CT）、核磁共振（Magnetic Resonance Imaging，MRI）等技术，其主要用于人体结构组织的扫描与测量。

数据处理是逆向工程中的一个关键环节，数据处理包括消除错误数据，去除异常数据，精简冗余数据，平滑噪声数据，补齐漏缺数据等，是为了获得与测量对象一致的形态数据，便于造型设计的展开。物体原型数字化后会形成一系列的空间离散点，计算机建模是利用这些离散点，通过辅助设计相关技术来构造物体原型的 CAD 模型。对于物体具有复杂形态的自由曲面，通常直接采用所有的数据点难以拟合成一张完整的曲面，但是结合物体形态特征，可以将测量的数据分割成对应形态特征的区域，通过各区域数据构造出各自的曲面，再通过处理曲面之间的连接，构造出整体曲面形态。有效的三维测量数据分割、拟合等处理技术是逆向工程中非常重要的内容。

快速成型（Rapid Prototyping, RP）是通过"分层制造，逐层叠加"的方法，由二维层面堆积为三维实体的制造新理念。快速成型可以通过计算机数字模型直接加工结构和形态复杂的产品，对企业产品创新和开发周期具有积极的推动作用。反求工程可以通过快速成型技术迅速实现数据到实体的转变，国内有很多单位都在进行这方面相关的研究工作。例如，西安交通大学对高熔点金属的激光快速成型研究；清华大学研制的基于 FDM 的熔融挤出成型系统；南京航空航天大学研制的 RAP-Ⅰ型激光烧结快速成型系统等。

通过逆向工程进行产品反求设计，通常会采用一些工程技术软件来实现。例如，美国 DES 公司的 Imageware 软件，能够进行点云处理、曲面编辑和曲面构建等，其功能强大，被广泛应用于汽车、模具等设计与制造领域；美国 Robert McNeel 公司的 RHINOCEROS 软件是基于 NURBS 的三维模型构建；比利时 Materialise 公司的 MIMICS 软件用于医学领域，可以对各种扫描图像的原始数据进行处理并构建三维模型。国内的逆向工程软件，例如浙江大学的 RE-SOFT 软件，其基于三角 Bezier 曲面开发，可用于复杂曲面反求工程中，另外还有西安交通大学的 JdRe 等。

曲面造型是产品设计中对曲面形状产品外观的一种建模技术和方法，是计算机辅助几何设计和计算机图形学的重要研究内容，计算机 CAD/CAM 软件必须要解决复杂产品造型问题，其实曲面造型就是将曲线曲面理论应用于实际的工程和生产。曲面构造经历了 Ferguson 双三次曲面片、Coons 曲面、Bézier 曲面、有理 B 样条曲线曲面等方法的发展，之后 Piegl、Tiller 及 Farin 等提出了非均匀有理 B 样条（Non Uniform Rational B Splines，NURBS）的方法，成为目前使用最为广泛流行的技术。NURBS 曲线曲面技术能用统一的数学形式表达规则曲面和自由曲面，可以通过权因子控制曲线曲面的形状，因此，国际标准化组织（ISO）将 NURBS 技术方法作为定义工业产品几何形状的唯一数学描述方式。当今，多数 CAD/CAM 软件都以 NURBS 为数学基础，其造型技术被广泛应用于各类产品造型设计及复杂曲面重构，例如人体形态曲面，以及与人体形态曲面匹配的穿戴类产品造型设计等。另外，国内学者也提出了很多基于带形状参数的广义 Bézier 的曲线曲面理论，如 Q-Bézier 曲线曲面、C-Bézier 曲线曲面、CE-Bézier 曲线曲面、H-Bézier 曲线曲面、T-Bézier 曲线曲面、带参 Bézier 曲线曲面、拟三次 Bézier 曲线曲面、四次带参 Bézier 曲线曲面等数学理论。根据曲线曲面各自的特点，将这些理论用于产品造型设计，例如基于 CE-Bézier 曲面理论的拖拉机产品曲面造型设计、四次带参广义 Bézier 曲面及双三次 Q-Bézier 曲面拼接的汽车车身曲面造型设计、四次 ω-Bézier 曲线曲面及双三次 NURBS 曲面的陶瓷产品曲面造型设计等。

1.4 基于人体形态尺寸的可穿戴产品设计

为使产品设计能够满足用户的生理需求，借助人体测量技术获得人体相关尺寸，以此作为产品设计主要参照的方法非常有效。学者 Tatlisumak 等、Barut 等、Ahmed 和 Omer、Shireen 和 Karadkhelkar 提出以游标卡尺为工具的人体测量方法与标准；Murgod 等提出了基于图像的人体尺寸测量方法；邓卫燕等提出了基于图像的三维人体特征参数提取方法，通过 LabView 图像处理技术参照法，实现了人体特征轮廓的提取与优化，对特征点自动提取及特征尺寸测量；Zhang 等通过一张二维面部图像构建三维模型；Skals 等、Bonin 对人体头部的尺寸和形态数据进行了测量，分析了特定人群头部形态的共性特征，并以此为基础对头盔内部的形态进行了设计，进一步依据 Ellena 提出的头盔舒适度算法（HFI）进行了设计评价。近年来，各类数字化测量技术发展迅速，根据需求各种三维扫描技术广泛应用于不同的研究领域，Abid 等总结了医学领域采用的人体内部三维图像，包括 X 射线、计算机断层扫描（CT）、超声和磁共振成像（MRI）等，可用于测量身体形状和尺寸。例如，Claassen 等通过 CT 扫描数据库评价踝关节的形态，包括距骨滑车的半径、弧长、宽度等；Yu 等通过 CT 扫描和数字测量的技术，对人体耳道特征尺寸进行了测量和分析，完成助听器及降噪耳塞的造型设计；Harih 等通过核磁共振三维成像技术，对握姿状态下的三维手部形态进行统计分析，建立通过静态数字手部模型，提出工具手柄造型的反求设计方法，大大提升了用户作业时的舒适度。3D 扫描具有很高的捕获数据和测量能力，方便用于测量人体的形状、大小、纹理、颜色和皮肤表面积。例如，Ji 等和朱兆华通过三维扫描技术获取耳甲腔数据，并对耳甲腔形态分类，用于耳机造型设计；Wang、Baek 和 Lee 采用 3D 扫描，获取了人体足部和鞋的相关数据，确立了鞋楦形态与足部形态的关系，应用于鞋类产品设计中；Irzmańska 和 Okrasa 扫描了部分日本老年人足部形态，并获得了相关尺寸数据，解决了防护类鞋子与足之间的匹配关系。基于人体尺寸数据及形态特征，构建参数化模型能够方便、有效实现产品与人体匹配性设计，Sixiang 等、Zhi-Quan 等通过建立参数化的人体模型，调节特征尺寸模拟实际人体形态，Chu 等也通过构建人体面部的参数化模型，用于眼镜优化设计等。

1.5 服装压力

1.5.1 服装压力的影响

服装压力会对人体产生影响，包括人体运动、感官舒适性等，人体尺寸与局部形态、人体形态与服装款式、皮下软组织力学性能与材料力学性能等因素，决定了服装压力的大小。舒适性压力是服装人体工程学的主要研究内容之一，沈大齐等通过研究织物长度、人体腿部形态围长及压力袜之间的关系，确定了适合的织袜压力值，提出了患者对不同压力需求的医用弹力袜的编织工艺方法；

徐军等通过主观评价的方法，总结了内衣在不同状态下压力分布状况及其理想的类型。以前，服装压力的研究大多数集中于主观测量方法，即通过穿着试验，评估影响服装压力的因素，之后，服装压力主要集中于客观测量方法的研究，确定压力与各因素之间的相关性，研究服装压力对舒适性的影响。国内多数高校和研究机构也集中于服装织物力学性能的研究，通过人体和服装之间的动态接触力学机制，分析人体形态特征与压力之间的关系，并建立相应的模型。例如，王珊珊分析了男子颈部形态与服装压力之间的关系，提出服装压感舒适性理论；覃蕊通过有限元的方法分析了足颈和袜口间的舒适性接触压力。实际上应该根据人体形态及其变化特征，并采用主观和客观相结合的测量方法，才能较为准确地评估服装压力与舒适性之间的关系。

通过服装压力可以适当消除局部肌肉疲劳，甚至可以减轻一些病变产生的疼痛和炎症等，例如医用绷带、医用压力袜等产品。有研究表明，跑步运动者在穿着一定压力的服装条件下，可以节省一定的体力，增加耐力，并且在服装压力下可以感知肌肉产生的温度等；在穿着一定压力的袜子条件下，能够减轻腿部肌肉疲劳，提升代谢阈值内的运动性能；在穿戴一定压力的踝护具条件下，由于其对皮肤表面产生一定的刺激作用，进而增加了腿部肌肉运动神经元的兴奋。腿部腓骨长肌促使足踝做外翻运动，Ziegler、Papadopoulos 等研究了在佩戴不同压力踝护具条件下的腓骨长肌反应时间，结果表明，护具压力较大时，腓骨长肌的反应时间延迟更为显著。服装压力在 5.88 ~ 9.8kPa 时，就会阻碍血液的流动性，腿部血压被迫增加，可能会造成下肢肿胀，当在足部施加的压力过大时，会阻碍血液微循环，甚至造成皮肤组织的破坏，所以，过大压力的护具会影响穿戴舒适性，导致产品本身性能下降。但是相反，压力不足时则足踝护具效果就不明显，同时使用踝护具过程中，注意压力要施加于需要的位置。

1.5.2 服装压力理论

服装压力的产生主要来自三个方面。一是重量压，由于服装本身具有一定的重量，可形成对人体的压力，比如衣服的重量对人体肩部所产生的压力，质量较大的外套，在靠近肩点的部位，其压力值较大。二是集束压，由于服装尺寸较小，采用一定弹力的弹性材料制作的紧身衣、护具、绳带等，对人体产生一定的压力。三是面压，由于人体的轮廓形态复杂，在运动过程中人体与服装之间形成动态接触，衣料产生变形和相对移动，以适应人体形态变化，过程中材料会产生各种应力，作用于与人体接触的部位，刺激皮肤压觉，使人感受到服装带来的压力。由于服装材料的变形，对人体的约束而产生的压力与材料本身的性能、材料的尺寸、人体的形态、人体形态变化，以及人体尺寸等因素相关，可以从物理机理角度进行理论分析，见图1-1。

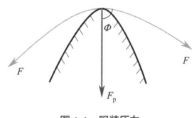

图 1-1　服装压力

$$F_p = 2F \cos \Phi = 2E\Delta l \cos \Phi \qquad （1-1）$$

式中　F_p——垂直作用于人体表面的压力；

　　　F——面料的拉伸张力；

　　　E——面料的弹性系数；

　　　Δl——面料的变形量；

　　　Φ——张力与表面压力之间的角度。

从图1-1可以看出人体曲面形态确定了服装面料拉伸张力的方向，根据式（1-1）中的参数关系，服装对人体表面产生的压力，主要与服装材料的弹性性能、拉伸变形尺寸以及服装与人体接触部位的曲面形态有关，例如Kirk使用织物的伸长量来衡量服装压力的大小，将其用于弹性织物的压力计算。弹性护踝产品主要通过弹性材料来制作，为足踝部提供一定的压力，由于织物材料变形，尺寸变化而产生张力，但是，人体足踝外部形态复杂，织物材料张力也会因为局部形态差异而不同。研究表明曲面上的压力和张力之间存在一定的关系，其可以通过表达液体表面压强的拉普拉斯公式来描述，织物因弹性变形产生的张力可以通过胡克定律来描述，进而可以建立不同的弹性材料所产生的压力与形态曲面之间的关系。

（1）拉普拉斯公式

拉普拉斯公式表达了液体表面压强与曲面形态的曲率半径之间的关系，公式如下。

$$P_F = T_H / R_H + T_V / R_V \qquad （1-2）$$

式中　P_F——表面压强，cN/mm^2；

　　　T_H——横方向上，曲面单位宽度的张力，cN/mm；

T_V——纵方向上，曲面单位宽度的张力，cN/mm；

R_H——横方向上，曲面曲率半径，mm；

R_V——纵方向上，曲面曲率半径，mm。

由于服装附着于一定形态的人体，与液体表面类似，通过拉普拉斯压力公式来描述服装压力，将弹性织物分为经向和纬向，织物不同方向的拉伸力也有所不同，因此可以分别讨论。在一个方向上压强 P_H，将式（1-2）转化为：

$$P_H = \frac{T_H}{R_H}$$ （1-3）

（2）拉力计算

由于材料弹性变形，在不同的方向上产生拉伸力，则可以通过胡克定律计算出相应的数值。

$$F = E\Delta l$$ （1-4）

式中 F——织物产生的张力，cN；

E——织物弹性系数，cN/mm；

Δl——织物伸长量，mm。

由于

$$F = T_H B$$ （1-5）

式中 B——织物宽度，mm。

则有

$$P_H = \frac{E\Delta l}{R_H B}$$ （1-6）

因此，已知织物材料的弹性系数、人体形态尺寸即材料因之而变形的尺寸，以及形态曲面的曲率半径，通过式（1-6）就可以计算得出在不同位置上弹性织物对人体表面单位面积上所产生的压力。Barhoumi 进一步考虑人体尺寸、材料厚度等因素通过拉普拉斯方程计算服装产生的压力。

1.5.3 服装压力测量

服装压力测量方法可分为直接测量法和间接测量法，直接测量法包括流体压力计测量法、气压测力计测量法，以及压力传感器测量法等；间接测量法是利用模拟人体形态的假人模型，在模型上测量服装压力，测量数据的准确性与人体形态模拟的真实度有关。服装压力测试具体包括以下方法。

（1）流体压力计测量法

此类装置（图1-2）采用面积大约为20cm²的橡胶球作为感压部件，与橡胶管相连，橡胶管的另一端连接U形压力计。

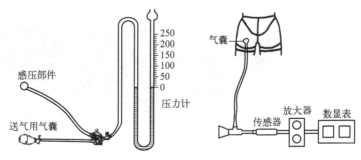

图 1-2　流体压力计

（2）柔性膜挤传感器测量法

工作原理是将体积微小（直径或长度处于4～6mm之间、厚度处于1.1～1.5mm之间）的触力传感器即感压部件，黏附于拟测部位，用于测量服装与人体外表面之间的挤压力（图1-3）。这种测量装置既结合了超弹性材料柔软、贴附性好的特点，也继承了电阻应变片稳定、技术成熟的特点，但是容易受人体曲率半径不同、服装面料不同等的影响，且由于传感器不易折弯，只能测量传感器面积下的服装压力，因此对于动态服装压力测量比较困难。

图 1-3　传感器

（3）弹性光纤测量法

弹性光纤由核心层、中间层和鞘层三层组成，由外自内分别是用于遮挡外部光线的黑色鞘层、中间层以及核心层。经过黑色鞘层、中间层的自然光进入核心层后，通过全反射从一端传递至另一端。如图1-4所示，当弹性光纤受外力变形时，自然光在核心层内传递的光线数量会发生变化，逸出的光线数量会减少，基于弹性光纤受外力变形时传递的光线数量会产生变化的原理，可通过测量逸出的光线数量来获得作用于弹性光纤的外力大小。

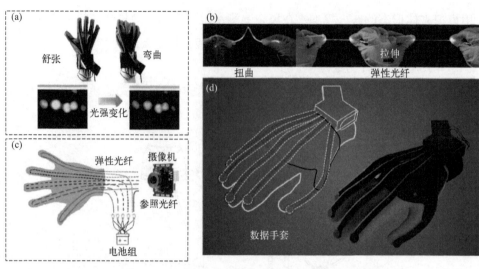

图 1-4　弹性光纤：（a）受电流等因素影响前后光源的对比；（b）光纤变形显示；
（c）自补偿模块的结构；（d）数据手套的结构图

（4）FlexiForce 压力测试系统测量法

FlexiForce 传感器是由 Tekscan 公司研制的一种电阻式压力传感器，这种传感器具有轻薄、易弯曲等优点，将其放入接触面不会引起压力混乱，可以测量几乎所有接触面之间的压力。FlexiForce 压力传感器（图 1-5）用于测量服装压力，是将接触面的压力经过放大电路后，从物理信号转化为电信号，利用数据采集系统输入计算机里进行数据分析、处理和显示。该测试系统的优点是能够实现多部位同时测量接触压力，可以进行动态压力的测试，解决了传统服装压力测试中测量动态服装压力的困难，以及主观评定中由受试者的个性差异，可能导致的结果与实际不符的问题，是服装压力测试的理想平台。FlexiForce 压力测试系统测试数据精度低，并且不能实现长时间测试。

（5）有限元分析测量法

自 20 世纪 60 年代起被广泛应用，Lloyd 等在 1979 年首次将有限元法应用于织物力学分析，自此有限元方法开始被广泛用于模拟织物的力学、物理特性。有限元法（图 1-6）应用于织物是通过扫描等方法获得受试者模型，再将人体模型分为皮肤层、软组织层、骨骼肌层以及骨骼层，定义人体四种单元的材料、边界条件等结合织物的参数对服装压力进行模拟，获得所需数据。

（6）拉普拉斯（Laplace）公式测量法

拉普拉斯公式又称杨 - 拉普拉斯（Young-Laplace）公式，描述了弯曲液面的附加压力与液体的表面张力及曲率半径之间的关系（图 1-7），可以用来计算服装作用于人体外表面的压力。

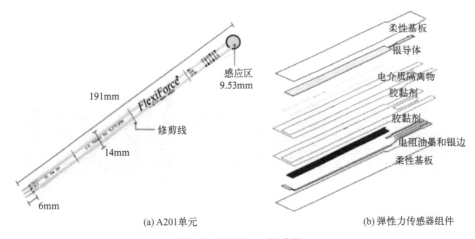

(a) A201 单元   (b) 弹性力传感器组件

图 1-5   FlexiForce 传感器

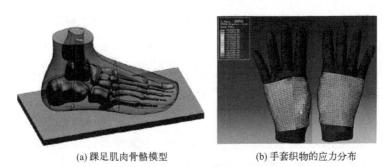

(a) 踝足肌肉骨骼模型   (b) 手套织物的应力分布

图 1-6   有限元法获取服装压力

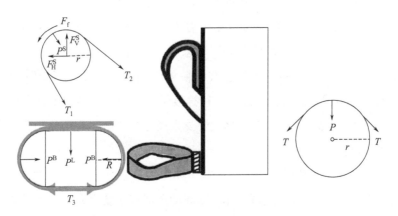

图 1-7   利用拉普拉斯公式计算的承载架

（7）软体假人测量法

顾名思义是与人体皮肤柔软程度接近的假人模型（图 1-8），在间接测量中，使用软体假人作为受试者可节约实验时间及用人成本，且不存在个体差异，能够有效避免受试者由于紧张造成失误、不理解实验等对结果的影响。

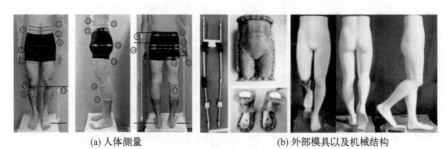

(a) 人体测量   (b) 外部模具以及机械结构

图 1-8　运动软体假人

近年来我国不少研究机构对于服装压力及其测量展开了深入研究，以探索其对人体的影像，以及提高服装的舒适性。关于获取人体上肢服装压力的研究，江南大学生态纺织教育部重点实验室的汤倩等在 2009 年从服装与人体表面的动态接触出发，分析服装压力产生的机制，并以此为依据开发一套适于 Labview 虚拟仪器技术的动态服装压力测试系统，验证系统各项指标达到要求。东华大学服装与艺术设计学院的于欣禾等在 2019 年，为了对骑行服样板进行优化设计（图 1-9），使用 CLO 3D 虚拟试穿软件获取 69 个测量点在静立状态及骑行状态下的静态以及动态虚拟压力值，以此为依据进行骑行服样板优化设计，优化后的动态服装压力值总体下降了 61.94%。江南大学教育部针织技术工程研究中心的刘婵婵等在 2019 年利用 FlexiForce 压力传感器和数据采集系统测试了上肢六个部位在静态以及跑步摆臂状态下的动态压力［图 1-10（a）］，发现肘关节压力变化最大。上海工程技术大学服装学院的陈晓娜等在 2019 年利用 Labview 虚拟仪表压力测试仪，对静止以及三种速度下的八个压力测试点压力进行分析［图 1-10（b）］，发现静态压力变化主要受人体呼吸影响，动态压力变化主要受步态周期影响。

关于获取人体下肢服装压力的研究，如图 1-11 所示，三六一度（中国）有限公司的田友如在 2020 年发现利用 Vicon 动态捕捉系统以及有限元分析的方法获取的膝关节最大的压力是可行的。

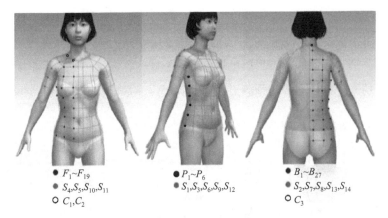

- F_1~F_{19}
- S_4,S_5,S_{10},S_{11}
- C_1,C_2

- P_1~P_6
- S_1,S_3,S_6,S_9,S_{12}

- B_1~B_{27}
- $S_2,S_7,S_8,S_{13},S_{14}$
- C_3

图 1-9　虚拟压力测量点分布

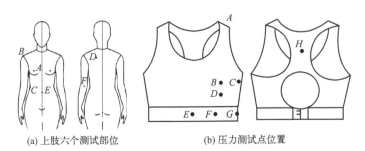

(a) 上肢六个测试部位

(b) 压力测试点位置

图 1-10　测试位置

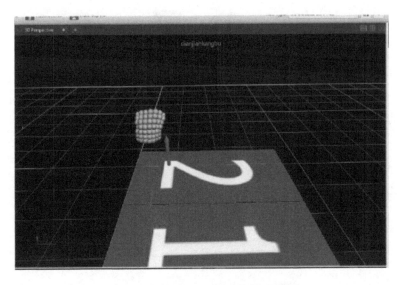

图 1-11　动捕系统中膝关节三维位置坐标示意图

东华大学服装与艺术设计学院的顾罗铃等在 2020 年基于三维人体扫描获取人体下肢外表面的点云数据（图 1-12），建立医疗压力袜与腿部接触的压力分布预测模型，通过 AMI3037 型接触式气囊压力测量系统验证了基于非接触式三维人体扫描的医疗袜压力分布预测方法可行。

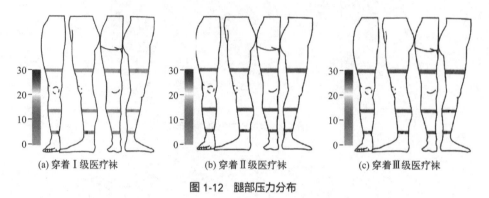

(a) 穿着Ⅰ级医疗袜　　　　(b) 穿着Ⅱ级医疗袜　　　　(c) 穿着Ⅲ级医疗袜

图 1-12　腿部压力分布

东华大学服装与艺术设计学院的鲁虹等在 2022 年利用柔性薄膜压力传感器搭建动态压力测试系统（图 1-13），测量穿戴具有十二个测试点的梯度压力袜在站立状态以及跑步运动状态下的压力，发现同一测试点的动态压力数值大于静态压力、小腿前侧与脚踝后侧的测试点动态压力数值波动较大，各测试点的静态、动态压力数值与围长成正比。

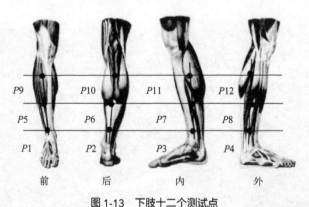

前　　　　后　　　　内　　　　外

图 1-13　下肢十二个测试点

1.6 足踝护具类型及设计

为了防止踝关节损伤，踝关节护具在运动中起着重要的作用，现有踝护具主要有贴扎、弹性类和支撑类。其中贴扎是一种将胶布贴于皮肤以达到增进或保护肌肉骨骼系统的治疗，其常用于骨骼肌肉系统伤害的处理，目的为固定关节位置及限制软组织的活动以让软组织在稳定的状况下进行修补；弹性类护具一般采用特别的纹路编织而成，具有高弹性，使用时根据压力需求缠绕在人体关节部位；支撑类护具包括采用柔性材料、半刚性材料和刚性材料制作的支撑类型。弹性类和支撑类护踝类型不同，但对于踝关节的保护作用相近，并且弹性类和支撑类的护具都包含有弹性物质，能够为足踝部提供一定压力，辅助韧带而起到保护作用。半刚性护踝能够相对较好地约束踝关节运动角度，因此会在一定程度上降低脚踝扭伤发生的概率，由于约束了踝关节活动，其一般主要用于防止损伤复发，而柔性护踝常用于运动防护。护具材料主要有棉、毛、皮及混纺材料等，弹性护踝主要通过橡筋、聚氨酯（TPU）等增加弹力，一般制成面料附着于踝关节易损伤表面，经常根据护踝具体功能以及与人体接触的舒适性等多方面考虑，选择具体材料。另外，一些新型材料被开发出来，可用于护具当中，例如D3O材料，是物质智能材料，其特点是防撞击，可吸能减震，原始状态的D3O非常容易产生形变，如果迅速施加外力，则会突然变硬，并立即吸收外界能量；P4U也是一种非牛顿流体物质智能材料，在常态下保持松弛的状态，柔软而具有弹性，当受到剧烈碰撞或冲击的时候，分子间立刻相互锁定，迅速收紧变硬从而消化外力，形成防护层。

市面上现有的护踝类型有踝关节贴扎、弹性护踝，以及半刚性踝关节支撑等，具体分类如下。

（1）踝关节贴扎

① 非弹性材料贴扎　白贴（AT），一种弹性很小接近于无的白色运动贴布，是传统贴扎材料。

② 弹性材料贴扎　肌内效贴（KT），一种薄而透气的弹性材料贴布，与白贴的无弹性运动贴布相比具有良好的弹性，在1973年提出并推广，是目前常用的贴扎材料。在正确的贴扎方式下，踝关节弹性贴扎虽然能够有效预防踝关节损伤，但成本较高且长时间使用效果有明显下降。

（2）弹性护踝

① 纯编织复合弹性面料踝护具　弹性护踝整体采用尼龙加弹性纤维、橡胶、氨纶等复合材料构成，对踝关节施加压力。

② 编织加硅胶　在编织的基础上在足踝两侧压力较小部位加入硅胶材质起

到支撑作用。

③ 编织加"工"字形弹性膜　在编织的基础护踝上添加"工"字形弹性膜，将"工"字形弹性膜横向放置在足底，两端分别粘贴至胫前肌腱部位和足部后侧的跟腱部位。

④ 足弓底与跟腱部位气囊　足弓底部位的气囊在人体自身重力的作用下将压力转移至跟腱部位。

⑤ 八字形缠绕粘贴　将压缩带套入足部股骨部位，自足底拉至足背处向另一方向在足后跟腱部位缠绕，在足背处拉至足弓底，在另一方向重复动作，最后在跟腱部位进行粘贴。

⑥ 交叉加软质支撑　在交叉缠绕的基础上，在足踝左右两边加入倾斜放置的"I"形软质衬垫支撑。

（3）半刚性踝关节支撑

① 交叉加硬壳支撑式　在足底及足后跟腱部位有"L"形半刚性支撑，由系带将其固定，半刚性材料可弯折。

② 铰链马镫式　足踝左右各有一 EVA 材质衬垫，在上端由一系带将其固定在腿部，在外踝部位有铰链式旋转结构连接底部支撑板。

③ 交叉加铰链式　在外踝部位有铰链旋转结构的基础上加上交叉缠绕。

④ 可固定角度铰链式　在外踝部位设有可背屈 30° 至跖屈 45° 调节固定的铰链结构，在足底及足部两侧至外踝下边缘位置有硬质支撑。

⑤ 气垫、冷冻凝胶垫马镫式　在踝关节两侧压力较小部位以"I"形气垫或冷冻凝胶的方式提供支撑力，在气囊外部以半刚性材料对气垫、冷冻凝胶垫提供支撑，在上端由系带将其固定在腿部。

⑥ 充气半刚性踝关节支撑式　在踝关节两侧压力较小部位有"L"形气囊，对气囊充气使其达到需要的压力值，对脚踝起到支撑作用，在整体足部有除底面外半包裹式半刚性材料，足背处及胫前部位有单独的半刚性材料，两者由弹性系带固定。

如表 1-2 所示为一些常见的具体护踝类型、品牌及示意图。

从足踝运动损伤机制来看，约束足踝运动角度范围是护踝产品设计的有效方法，支撑类护踝因为限制了足踝运动角度范围，防止在运动过程中踝关节的突然变化而起到保护作用。例如，Kleipool 等设计了一种新型护踝方式（EXO-L 护踝），如图 1-14 所示，这种设计通过与运动鞋的结合，使得产品简单易用，

表 1-2　市场上现有护踝类型

护踝类型	非弹性贴扎（AT）	肌贴（KT）	纯编织弹性护踝	尼龙弹性护踝
品牌	康玛士	KT Tape	OrthoSleeve	McDavid
示意图				
护踝类型	编织加硅胶弹性护踝	编织加"工"字形弹性膜	足弓底与跟腱部位气囊交换	八字形缠绕粘贴
品牌	NeoAlly	Zamst	Aircast	Aomrriu
示意图				
护踝类型	交叉加软质支撑	交叉加硬壳支撑	铰链马镫式	交叉加铰链式
品牌	Aircast	Tairibousy	Cramer	Zamst
示意图				
护踝类型	可固定角度铰链	气垫马镫式	冷冻凝胶垫马镫式	充气式半刚性
品牌	Brace Direct	Aircast	Komzer	Aircast
示意图				

约束了足踝运动，通过计算机三维断层扫描应力检测方法测试了其有效性（图1-15）。另外，还有很多种不同的实验设计用于各类足踝护具设计有效性的检测，例如模拟足底接触一定倾斜度的表面，或一定高度的落地实验等，通过检测足踝肌力以及踝护具对踝关节的约束，判断其护踝效果。

图 1-14　EXO-L 护踝设计

图 1-15　护踝效果检测

第 2 章
足踝组织结构及
模型重构分析

本章主要对足踝解剖学、足踝运动学、人体生物力学、形态数据获取、曲面数字化重构等相关理论进行分析与总结。

2.1 人体足踝解剖学结构

足踝结构复杂，主要包括骨骼、韧带、肌肉肌腱及筋膜、腱鞘、关节囊、脂肪层和表皮组织等，本节主要参考足踝外科学的相关书籍和文献，对足踝骨肌系统解剖学做简要介绍。

2.1.1 骨骼

人体踝部的骨骼主要由足部骨骼中的距骨，以及下肢骨骼中的胫骨和腓骨下端组成，通过特殊的形态和结构形成关节。人体足部骨骼主要有 26 块，包括跗骨部分、跖骨部分和趾骨部分，跗骨部分是由距骨、跟骨、舟骨、内侧楔骨、中间楔骨、外侧楔骨和骰骨 7 块骨头组成的；跖骨部分由 5 块骨头组成，分别是第 1 至第 5 跖骨；趾骨部分由 14 块骨头组成，其中踇趾为两节，其他趾分别分为三节。另外，位于第一跖骨头下部有 2 块籽骨，籽骨通常在一定年龄以后才会出现。通过跗骨、跖骨和趾骨这三个部分将足划分为后足、中足和前足。

（1）胫骨下端与腓骨下端

胫骨为三棱柱形，有三面和三缘，胫骨的最远端，即胫骨下端逐渐较中部扩大，形成四面，内侧面向下，形成钝锥状突起，称为内踝；腓骨的最远端，即腓骨下端向外突出，称为外踝，胫骨下端和腓骨下端是构成踝关节不可缺少的部分。

（2）距骨

距骨位于胫骨下端、腓骨下端、跟骨和舟骨之间，分为头、颈和体三部分。距骨头呈半球形，与舟骨构成关节；距骨颈连接距骨头和距骨体；距骨体周围形成多个关节面，与相连的足骨形成较为复杂的关节。距骨体的上部称为滑车，距骨滑车和胫骨下端构成关节；距骨体内侧半月形关节面与内踝形成关节；距骨体外侧与外踝构成关节；距骨体下方与跟骨形成关节，包括三个接触面以及一个距骨沟。距骨没有肌肉附着，其大部分表面为软骨覆盖，主要担负体重的传导。事实上，距骨像是一个骨质的关节盘。

（3）跟骨

跟骨位于距骨的下方，其前部狭小，后部宽大。跟骨体后端突出，称为跟骨结节，是跟腱的附着位置。跟骨也是足纵弓的后支点，在运动中起重要的作用。

（4）舟骨

舟骨位于距骨头和三个楔骨之间，前部与三个楔骨相接，有三个大小不同的关节面，后部关节面与距骨头相接，舟骨处于足弓的顶点位置。

（5）楔骨

内侧、中间和外侧楔骨分别位于足舟骨与第1至第3跖骨之间，均呈楔形。每个楔骨大小不同，表面形态也不同，三个楔骨互相嵌合，形成稳定的机构。

（6）骰骨

骰骨前面与第4、5跖骨相连；内侧与外侧楔骨、舟骨相接；后面关节面与跟骨相接。骰骨形态呈骰状，下面有一条沟，腓骨长肌腱从这条沟通过，骰骨具有稳定足弓、限制跟骨前旋的作用。

（7）跖骨

跖骨位于跗骨和趾骨之间，第1跖骨短而粗，具有重要的负重作用，其与第2跖骨之间无关节，也无韧带相连，具有一定的活动性。第2至第5跖骨之间有关节相连，且有韧带连接，相对比较稳定。

（8）趾骨

趾骨位于足骨最远端，除了拇趾无中节跖骨之外，其他每个趾都由近节趾骨、中节趾骨和远节趾骨构成，趾骨节之间为关节囊及韧带连接，近节趾骨底与跖骨头相连，是除踝关节之外活动度最大的部位。

（9）籽骨

籽骨位于第一跖骨头下部，通常有2块，分为内侧籽骨和外侧籽骨，保护拇

长屈肌和第 1 跖骨头，在肌腱屈伸的过程中起到支点的作用。

通过数字化模型构建，足踝骨骼结构如图 2-1 所示。

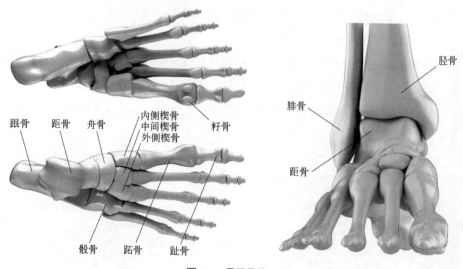

图 2-1　足踝骨骼

2.1.2　韧带

韧带（ligament）由致密结缔的组织构成，主要成分为胶原纤维和弹力纤维，胶原纤维提高了韧带的强度及刚度，弹力纤维增加了韧带的延伸能力。韧带连接骨或软骨，支持关节，一般只承受一个方向的负荷且非常坚韧，因此加强了关节的稳定性。由于骨骼被韧带包裹，使其保持正确的位置，防止脱散。在力的作用下韧带伸长，去掉外力则恢复原状，其特征类似弹簧的功能。足踝部位的韧带位于各足骨以及内、外踝之间，加强足踝部众多关节的支撑。踝关节内、外侧各有韧带加强，内侧以三角韧带为主，踝部外侧韧带主要为腓骨下端分别与距骨和跟骨的连接。

（1）踝关节内侧副韧带

内侧副韧带也称为三角韧带，从胫骨下端的内踝下缘开始，向下呈扇形分布，分别止于距骨、足舟骨及跟骨内侧部，形成胫距前韧带（ATTL）、胫舟韧带（TNL）、胫跟韧带（TCL）和胫距后韧带（PTTL）。

（2）踝关节外侧副韧带

外侧副韧带主要为腓骨下端分别与距骨和跟骨的连接，包括三个主要韧带，

距腓前韧带（ATFL）连接腓骨下端前缘和距骨前外侧面；跟腓韧带（CFL）连接腓骨下端尖部和跟骨外侧面；距腓后韧带（PTFL）连接腓骨下端后缘和距骨后突点，一般外侧副韧带相对于三角韧带比较薄弱，因此在运动中容易损伤。

（3）足踝部其他韧带

其他韧带，例如舟骨和跟骨之间有跟舟韧带；距骨和跟骨之间有距跟内侧韧带、距跟外侧韧带和距跟骨间韧带；胫骨、腓骨之间有胫腓前韧带和胫腓后韧带等，足踝部位的韧带有一百多条，在此就不一一列举，如图2-2所示。

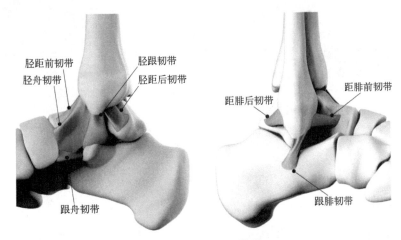

图 2-2　踝部的主要韧带

足踝部位的韧带是人体中较强的韧带，但是这些韧带长短不一，也存在横截面积、横截面积与长度的比率，以及弹性强度等差异，在足踝运动过程中，由于经常受到较大的外力或急剧的踝关节角度变化，不同部位的韧带可能会受到损伤。表2-1为摘自 Mkandawire 等、Siegler 等测量的部分踝部主要韧带尺寸。

表 2-1　踝部主要韧带尺寸

项目	韧带	横截面积/mm²		长度/mm	
		Mkandawire等	Siegler等	Mkandawire等	Siegler等
内侧副韧带	ATTL	43.49 ± 19.92	12.90 ± 7.70	24.09 ± 8.03	17.81 ± 3.05
	TNL	—	7.10 ± 2.60	—	41.83 ± 4.93
	TCL	43.20 ± 28.57	—	37.45 ± 2.74	—
	PTTL	78.43 ± 39.59	45.20 ± 31.60	26.68 ± 4.49	11.86 ± 3.96
外侧副韧带	ATFL	62.85 ± 21.92	—	18.89 ± 2.97	—
	CFL	21.36 ± 7.06	9.70 ± 6.50	35.44 ± 6.31	27.69 ± 3.30
	PTFL	46.43 ± 21.33	21.90 ± 18.10	27.74 ± 3.41	21.16 ± 3.86

2.1.3 肌肉与肌腱

足部肌肉和肌腱分为足外在肌和足内在肌，外在肌起于小腿，以肌腱止于足，内在肌起于足止于足。足的外在肌分布于小腿周围，外在肌的运动幅度较大，肌力一般比较强，主要促使足部和足趾伸屈运动；内在肌协助外在肌的作用力，能够使足踝关节运动保持稳定。外在肌到达足踝部位后，一般会形成肌腱，然后附着于相应的骨骼位置，对肌肉收缩而产生的力起到传递作用，从而使足部产生不同方向的运动。

（1）足外在肌

足外在肌位于小腿前侧、外侧和后侧位置，包括小腿前侧肌、外侧肌、后侧深肌和后侧浅肌。

① 前侧肌　前侧肌由内至外为胫前肌（TA）、蹈长伸肌（EML）、趾长伸肌（EDL）和腓骨第三肌（TPT）。胫前肌止于内侧楔骨和第 1 跖骨底，是踝关节背伸的主要肌肉，同时也可使足内翻；蹈长伸肌止于趾远节趾骨背侧基底部，作用为伸蹈趾，辅助踝关节背伸；趾长伸肌腱分成 4 条肌腱，通过背侧扩张，止于相应各趾的中节和远节趾骨背侧基底部，作用为伸第 2 ～ 5 趾，辅助踝关节背伸；腓骨第三肌是一条细小肌肉，起于腓骨下端前面及骨间膜，止于第 5 跖骨底背侧面，协助踝关节背伸和足外翻。

② 外侧肌　外侧肌有腓骨长肌（PL）和腓骨短肌（PB）。腓骨长肌和腓骨短肌腱绕经外踝，直接与外踝的后面接触，腓骨长肌向下经跟骨外侧隆突，再经过骰骨沟，然后转向足的内侧，止于第 1 跖骨和内侧楔骨跖底基部，腓骨长肌可以使足做外翻运动，也可使踝关节和第 1 跖骨做跖屈运动；腓骨短肌止于第 5 跖骨基底，是足外翻的主要肌。

③ 后侧深肌　后侧深肌有胫骨后肌（TP）、蹈长屈肌（FML）和趾长屈肌（FDL）。胫骨后肌腱经内踝正后方，再经过跟舟足底韧带的内下方，大部分止于足舟骨，扩展至除距骨以外的所有跗骨，分别止于第 2、3、4 跖骨基底，胫骨后肌可使足做内翻运动，同时也辅助踝跖屈；趾长屈肌经过胫后肌腱浅层，然后经内踝时位于胫后肌腱的后部，再经过第 1 跖骨基底部水平，随后分为 4 条肌腱，分至各趾，止于各远节趾骨基底部，其功能为屈第 2 ～ 5 趾，辅助踝关节跖屈和足的内翻；蹈长屈肌腱经胫骨下端、距骨的后面和跟骨载距突的下方，在足底内侧经趾长屈肌腱深面后向远端，止于蹈趾远节趾骨基底部，蹈长屈肌作用为跖屈蹈趾，也辅助踝关节跖屈和足的内翻。

④ 后侧浅肌　后侧浅肌有比目鱼肌（SOL）、腓肠肌（GAS）和跖肌（PLA）。

腓肠肌内、外侧头和比目鱼肌组成小腿三头肌，是足跖屈的主力肌，其收缩产生的力使身体向前运动。比目鱼肌起于腓骨、胫骨以及骨间膜后方，在腓肠肌的深面，向下与腓肠肌会合，再向下续为跟腱，止于跟骨结节；腓肠肌起于股骨髁后方膝关节近侧，属于双关节肌，具有屈膝的作用；三头肌内有跖肌，跖肌其实是个退化的肌肉，跖肌肌腹短小、肌腱细长，起始位置在股骨外上髁腓肠肌外侧头的上方，游走于腓肠肌与比目鱼肌之间，止于跟骨内缘或附着于跟腱。

（2）足内在肌

足内在肌包括足背肌和足底肌，足背肌又分为两个，分别是趾短伸肌和踇短伸肌；足底肌也称跖肌，包括内侧群肌、外侧群肌和中间群肌。内侧群肌主要分为踇展肌、踇短屈肌和踇收肌；中间群肌主要有趾短屈肌、跖方肌、蚓状肌、骨间背侧肌和骨间足底肌等；外侧群肌分为小趾展肌和小趾短屈肌。足的内在肌支持体重，加强足弓稳定。

（3）肌腱

肌腱是致密的结缔组织，主要由胶原纤维和腱细胞构成。肌腱连接肌肉和骨，肌肉收缩产生力之后，经过肌腱传递给骨头，骨骼在关节活动下产生一定角度和方向的运动。肌腱强度大小与尺寸有关，一般截面越大，载荷能力越强，肌腱拉伸强度比肌肉大，因此肌肉损伤相对肌腱损伤更普遍。

足踝部的肌腱与足外在肌对应，主要包括胫骨前肌对应的肌腱、趾长伸肌对应的肌腱、踇长伸肌对应的肌腱、第三腓骨肌对应的肌腱以及连接跟骨的肌腱（跟腱）等。跟腱强度非常大且十分坚韧，承受运动载荷比较大，主要实现足踝的跖屈运动，通常站立状态下，跟腱约承受人体体重的一半以上；一些剧烈的运动中，例如跳跃时，跟腱产生的瞬时力量可达人体体重的 5～10 倍。其他的足外在肌腱尺寸较小，主要实现足踝的相关运动，维持平衡和足踝结构的稳定。

经过整理分析，如图 2-3 所示构建了足踝部的主要肌腱。

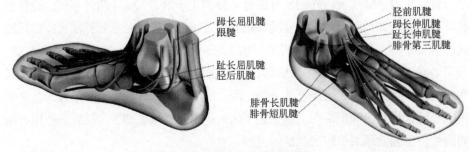

图 2-3　足踝部主要肌肉或肌腱

2.1.4 其他组织

足踝部还包括深筋膜、腱鞘等组织，在生物力学上都具有重要的作用。例如，在足踝的生物力学研究中，足底软组织是人体与足底支持的直接接触和相互作用的介质，主要起承受载荷、缓冲减震的作用，具备耐压和富有弹性的特点。足底深筋膜浅层也称跖腱膜，跖腱膜起自跟骨内侧的结节处，整体呈三角形态，强度较大且坚韧，后侧窄向前侧逐渐增宽，内侧和外侧比较薄，中间部位较厚，在跖骨头处分成了5条，结束于各趾的屈肌腱纤维鞘、跖趾关节的侧面和趾骨的近节位。跖腱膜能够维持足纵弓的稳定性，保护足底的肌肉肌腱及关节不受破坏，也是一些足底内在肌的起点。踝关节处的深筋膜尺寸增加，形成支持带，支持和约束小腿伸肌腱，在肌腱周围有腱滑液鞘围绕，腱滑液鞘起润滑作用，减少运动过程中的摩擦。因此，足踝部的其他组织也都具有非常重要的作用。

2.2 足踝关节运动及生物力学

2.2.1 足踝主要关节

足部骨头相互接触，之间形成足踝各种关节，包括胫、腓骨和部分足骨之间形成的踝关节，足踝关节比较复杂，能实现人体不同运动的要求。

踝关节由胫腓骨和距骨组成，其中关节头是由距骨滑车和两侧的关节面构成，关节窝也就是踝穴是由胫骨下端面、内踝关节面和外踝关节面围合而成，关节面上有透明的软骨覆盖，踝关节主要做伸屈运动，具体的运动特征受距骨滑车影响，与其关节面的形态紧密相关；下胫腓关节由胫骨下端的腓切迹与腓骨下端的内侧面构成，主要是旋转和平移的复合运动，是一个微动的关节，使得构成的踝穴能够比较紧固，但同时又具有一定的弹性，能够保持踝关节的稳定；跗骨间关节是指跗骨与跗骨之间的关节，主要包含了距跟关节、距舟关节（距跟舟关节）、跟骰关节、骰舟关节、楔舟关节、楔骰关节及楔间关节，距跟舟关节和跟骰关节联合构成跗横关节；跗跖关节主要包括了骰跖关节和楔跖关节。骰跖关节是由骰骨前面与第4和第5跖骨底构成；楔跖关节主要指内侧楔骨与第1跖骨之间，中间楔骨与第2、第3跖骨之间，以及外侧楔骨与第2、第3跖骨之间形成的关节；跖骨间关节由跖骨基底之间形成，包括第 2 到第 5 跖骨两两之间形成三个关节，第 1 跖骨与第 2 跖骨之间没有关节相连；跖趾关节分别是由 5 个跖骨头部位凸起的关节面和近端趾骨底部凹下的关节面构成，跖趾关节活动主要表现为伸屈运动，其中第 1 跖趾关节的活动角度最大；趾间关节由近侧趾骨的滑车与远侧趾骨的底构成，趾间关节仅能做屈伸运动。

足踝部主要关节如图 2-4 所示，连线表示骨骼之间存在关节面接触。

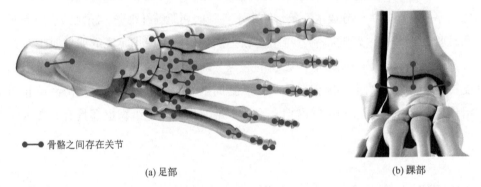

●—● 骨骼之间存在关节

(a) 足部　　　　　　　　　　　　　　　　　　(b) 踝部

图 2-4　足踝主要关节

2.2.2　人体基准面及足踝关节运动

（1）人体基准（本）面和足踝坐标系

按照人体解剖学及测量学，建立三个相互垂直的面，分别称为矢状面、冠状面和水平面，以此作为测量等基准或参照。矢状面是指沿身体前后形成与地面垂直的面，矢状面将身体分成左、右部分，居于人体中间，将人体分为左、右对称两部分的矢状面为正中矢状面；冠状面也称为额状面，是指沿身体左右形成与地面垂直的面，冠状面将身体分成前、后部分；水平面或横切面，是指垂直身体纵向轴线形成与地面平行的面，水平面将身体分为上、下部分。人体基本面两两相交形成的轴线分别为矢状轴、冠状轴和垂直轴，矢状轴为前后方向，垂直于冠状面；冠状轴即额状轴，为左右方向，垂直于矢状面；垂直轴为上下方向，垂直于水平面。靠近身体正中矢状面的为内侧，远离正中矢状面的为外侧；靠近头部为上，靠近足部为下；靠近腹部为前，靠近背部为后。同样，以上人体基本面及轴线适于人体局部的描述，例如对足踝部位，由于下肢小腿部有胫骨和腓骨并列，胫骨在内侧，腓骨在外侧，因此内侧可以称为胫侧，外侧可以称为腓侧。

足踝的平面设置与人体平面相近，以右足为例，在中立位姿下，矢状面将足踝分为左右部分，定义经过足后跟突出点和第 1 趾尖、第 2 趾尖连线中点的位置且垂直于地面的切面为矢状面，同时定义胫骨和腓骨下端点之间的连线，即踝关节横轴与该矢状面的交点为坐标原点，则经过原点的矢状轴为坐标系 X 轴，Y 轴为经过原点的冠状轴，Z 轴为经过原点的垂直轴。按照解剖学规定，靠近身体正中面的为内侧，远离正中面的为外侧；靠近头部为上，靠近足部为下；靠近腹部为前，靠近背部为后，足踝的坐标系及方位见图 2-5。

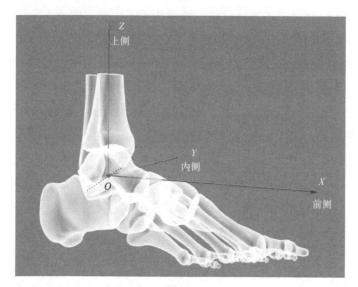

图 2-5　足踝坐标系及方位

（2）足踝关节运动方式

足踝关节运动形成复杂的足部运动，参照基准面和主要关节轴线，足踝运动的方式主要包括以下几种。

背伸（Dorsiflexion）和跖屈（Plantar flexion）是踝关节沿冠状轴旋转的运动，足尖上抬，足背向小腿方向靠近，这个过程指踝关节做背伸运动；足尖下垂，足背远离小腿，这个过程指踝关节做跖屈运动。

内翻（Inversion）和外翻（Eversion）是足沿矢状轴旋转的运动，足内侧边缘向上提起，足底向内转动为内翻；足的外侧边缘向上提起，足底向外转动为外翻。内、外翻是跟骨与舟骨带动其他足骨相对距骨的运动。

内收（Adduction）和外展（Abduction）是足沿垂直轴旋转的运动，足向人体正中矢状面靠近为内收，远离正中矢状面为外展。

旋前（Pronation）和旋后（Supination）在临床上常用来形容距下关节相对的位置，是足沿距下关节轴的运动，旋前主要综合了足部的背伸、外展和外翻动作；旋后主要综合了跖屈、内收和内翻动作。

（3）足踝关节运动学

① 足关节轴及足踝运动　踝关节、距跟关节和距跟舟关节这三个关节联合被称为足关节。踝关节中，距骨的作用类似一个关节盘，在上关节腔内即踝穴内做旋转运动，旋转轴线为距骨的轴线，也被称为距上关节；距骨在下关节腔内的旋转运动为距跟关节的旋转轴线，被称为距下关节。因此，足踝运动主要为由两个联合关节的组合而产生，即距上关节运动和距下关节运动。

距跟关节轴一般通过跟骨后部面与距骨颈上部面的中点可以找出，其之间的连线是一条从足后下方到前上方的斜线，被称为距下关节斜行纵轴，如图 2-6 所示。由于跟骨前半部分包括前、中关节面，与舟骨关节面共一个滑膜关节腔，因此也称为距跟舟关节。距骨头是距跟舟关节的关节头，舟骨后方的关节面、跟骨上面的前中侧关节面共同构成了关节窝，跟骨、舟骨和其他的足骨绕距下关节斜行纵轴相对于距骨旋转，因此，足沿距下关节轴的旋转运动表现为足的翻转运动，包括足的旋前、旋后及其他运动方式。

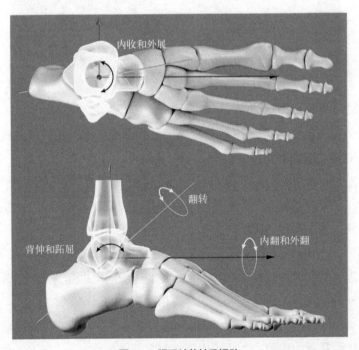

图 2-6　距下关节轴及运动

踝关节和距下关节两个关节的轴线与标准坐标平面存在一定的角度，且在运动过程中不固定，踝关节沿距骨轴线运动主要表现为背伸和跖屈；距下关节运动沿其斜行纵轴的运动主要表现为足的翻转运动，在标准坐标系中，足踝相对于垂直轴的运动为内收和外展，因此，相对于标准坐标平面，足踝运动包括了背伸、跖屈、内翻、外翻、内收和外展，以及通过旋前和旋后分别表示足在三个轴向的同时运动，即旋前包括内翻、内收和跖屈，旋后包括外翻、外展和背伸。然而，在一般情况下，足背伸时则常伴有外翻，足跖屈时常伴有内翻，足的背伸、外翻综合表现为旋前；跖屈、内翻表现为旋后。

② 关节轴角度　Inman 发现踝关节轴从后下外指向前上内，基本与内外踝尖连线一致；在冠状面上平均向外倾斜，横断面上平均向外旋转。由于足踝关节复杂，在实际运动中，各轴线并非固定，也就是说踝关节旋转轴的方向和位置随其活动改变，距骨关节轴在运动过程中的角度变化不定，一部分研究人员采用多轴模型研究，但是也有一部分人认为单轴模型能够有效描述踝关节的运动规律，建立距骨关节单一轴运动模型。

同样，距下关节斜行纵轴相对于标准坐标系与各轴之间存在夹角，通常在中立位状态下通过将轴线投影在横切面和矢状面上，统计投影线与矢状轴之间的角度。大量研究工作人员根据不同样本统计了这个轴线的倾斜角度，表 2-2 列举了一些关于距下关节斜行纵轴研究的角度数据。

表 2-2　距骨关节轴角度

研究文献	在横切面上投影与矢状轴夹角/ (°)	在矢状面上投影与矢状轴夹角/ (°)	样本数量
Manter	42	16	16
Isman	41	23	46
Langelaan	41	26	10
Lundberg	29	29	6
Arndt	34	20	2
Lewis	30.6	23.2	6
Biemers	9.5	23.6	20

③ 关节运动角度范围（ROM）　足踝关节运动的角度存在较大的个体差异，通过现有文献可以得出，背伸和跖屈角度在 65°～70° 之间，在矢状面上背伸 10°～20°，跖屈 40°～55°。内翻和外翻角度在 40°～60° 之间，一般内翻大于外翻角度，如表 2-3 所示为部分研究统计的内翻和外翻运动角度范围。目前，也可以通过现代计算机扫描技术获得各关节角度范围。

表 2-3　内翻和外翻运动角度

研究文献	ROM
Manter	10°～15°
Beetham	50°（30°内翻～20°外翻）
Close	9.9°～28.0°
MacMaster	30°（25°内翻～5°外翻）
Biemers	37.3°±5.9°（最大内翻、外翻）

2.2.3　足踝生物力学

（1）外在肌力

通过足部肌肉与肌腱的解剖学分析得知，足的外在肌是足部和足趾伸、屈运动的主要动力肌。使足背伸的主要肌肉为胫前肌（TA），同时受其他前侧肌包括蹈长伸肌（EHL）、趾长伸肌（EDL）和腓骨第三肌（TPT）的辅助；使足跖屈的主要肌肉为比目鱼肌（SOL）、腓肠肌（GAS）和跖肌（PLA），同时受后侧深肌肉包括胫骨后肌（TP）、蹈长屈肌（FHL）和趾长屈肌（FDL）以及外侧肌包括腓骨长肌（PL）和腓骨短肌（PB）的辅助；使足内翻的主要肌肉为胫骨后肌，受其他后侧深包括蹈长屈肌和趾长屈肌以及胫前肌的辅助；使足外翻的主要肌肉为腓骨长肌和腓骨短肌，同时受前侧腓骨第三肌的辅助。足外在肌的具体功能总结见表 2-4。

表 2-4　足外在肌的功能

足外在肌		踝		足		第1跖、蹈趾		第2～5跖、趾	
		背伸	跖屈	内翻	外翻	伸展	屈曲	伸展	屈曲
前侧肌	TA	●			○				
	EHL	○				●			
	EDL	○						●	
	TPT	○			○				
外侧肌	PL		○		●				
	PB		○		●				
后侧深肌	TP		○	●					
	FHL		○	○			●		
	FDL		○	○					●
后侧浅肌	SOL		●						
	GAS		●						
	PLA		●						

注：●为主要功能；○为辅助功能。

（2）肌肉路径

通常情况下，一块人体骨骼肌分为中间位肌性部分和两端位肌腱部分，骨骼肌肌性部分的收缩会受到运动神经支配，一个运动神经细胞轴突，以及受细胞轴突支配的肌纤维，两者组合构成一个运动单位，在一块肌肉当中运动单位数量不同，且可能只有部分运动单位产生收缩，收缩大小在不同的骨骼肌中存在较大差异，因此，不同肌肉产生的肌力大小也各不相同。骨骼肌的两端位的肌腱附着于骨头或软骨上，可能会跨过多个关节连接两块甚至多块骨头，当肌肉收缩时，连接的骨头之间相对靠近，从而产生关节的运动，肌肉两端位肌腱部分的端点分别为起点和止点，位于人体四肢的近端位。

骨骼肌从起点到止点可以通过直线或曲线直接来模拟，简化复杂的肌肉形态和结构，这些直线或曲线就是肌肉路径，明确肌肉的位置以及具体的起止点位置，可以建立肌肉力线模型，肌肉路径描述会影响骨骼肌各方面的进一步研究和分析，例如肌肉长度和肌力大小的计算、仿真过程中肌肉的动力特性分析等。现有研究对肌肉路径的描述主要有三种，一是直线路径，直线路径是直接根据肌肉起止点的位置，做一条直线来描述该肌肉，从机械学角度来说，这种路径的主要意义和用途在于，在具有较少的关节自由度、形态单一以及数量较少骨骼肌的情况下，设置相应的运动学和动力学参数来分析人体运动特征，采用直线路径对骨骼肌的描述最为直观；二是设置代止点的折线路径，在直线路径的基础上增加一些局部位置的约束，这些约束位置会改变力线的方向，进而形成折线路径的形式，可以认为是多个直线路径的组合；三是设置障碍物的曲线路径，假设肌肉力是通过肌肉的截面质心传递的，在传递过程中，由于肌肉缠绕，其形态和位置变化，截面质心会形成一定的曲线，通过设置障碍物的曲线路径来描述，就是考虑了人体的形态学特征，在多自由度关节以及跨关节的运动特征分析时，具有一定的效果，但是对肌肉本身形态变化、自身运动和力学特性分析时，该描述缺乏一些考虑。唐刚通过建立人体骨肌系统的三维模型、力学模型，开发人体动力学的计算和进行肌肉力预测的软件，分析人体典型动作的运动学和动力学特征。

2.3 人体扫描与 NURBS 曲面重构

2.3.1 人体扫描及应用研究

在人体测量及医学中，借助各种图形图像设备来获得人体尺寸或形态，判断是否存在病变，CT（计算机断层扫描）和MRI（核磁共振成像）主要用于人体内部组织成像，随着科技的发展，3D Scanning（三维扫描）技术越来越多地用于工业产品外型以及人体外部形态的扫描，其对人体没有伤害，可获得人体表面形态数据。

（1）CT

电子计算机断层扫描技术（Computed Tomography，CT）是将不同类型的射线或超声波技术与各类探测器结合，围绕人体或者人体局部旋转扫描，形成多个截面图像，通过不同位置的图像分析判断是否存在病状，这种扫描技术主要包括X射线CT（X-CT）、γ射线CT（γ-CT）等。CT形成的图像由灰度图构成，可生成为$2^8 \times 2^8$、$2^9 \times 2^9$等不同分辨率的图像，像素大小分为1mm像素、0.5mm像素等，其精度越高，图像越细致。

（2）MRI

核磁共振成像技术（Magnetic Resonance Imaging，MRI）是将人体置于磁场中，施加一定射频波段的脉冲后，能够激发人体中的氢质子，从而会产生磁共振的现象，这一过程氢质子弛豫而产生MR信号，经过对MR信号图像化处理可以判断人体是否存在异常生理状态。磁共振在骨关节系统应用中，存在的不足是成像速度慢，且在检查过程中，由于患者自觉或不自觉的身体活动，磁共振成像可能会产生运动伪影，因此可能造成对诊断的影响。但是，磁共振可以通过多方向角度形成图像，结合相应处理技术提高图像质量，能够分辨其他影像难以分辨的人体组织和结构，例如神经、肌腱、韧带及血管等软体组织。

（3）3D Scanning

三维扫描技术（3D Scanning）将光电和计算机技术相结合，用于物体或空间的外部形态、结构和色彩的扫描，获得物体空间的坐标数据，通过数据处理、三维重构等技术，进而构建出计算机数字化模型。三维扫描技术包括接触式与非接触式两种，人体三维扫描仪结合了光学测量技术、数字信号处理技术和计算机图像处理技术等，通过非接触的自动测量获取人体表面轮廓的空间坐标数据。

目前的三维扫描仪主要有以下三种原理。

① 结构光扫描仪原理　光学三维扫描系统是将光栅连续投射到物体表面，摄像头同步采集图像，然后对图像进行计算，并利用相位稳步极线实现两幅图像上的三维空间坐标（X、Y、Z），从而实现对物体表面三维轮廓的测量。

② 激光扫描仪原理　由于扫描法系以时间为计算基准，故又称为时间法。它是一种十分准确、快速且操作简单的仪器，且可装置于生产线，形成边生产边检验的仪器。激光扫描仪的基本结构包含有激光光源及扫描器、受光感（检）测器、控制单元等。激光光源为密闭式，不易受环境的影响，且容易形成光束，常采用低功率的可见光激光，而扫描器为旋转多面棱规或双面镜，当光束射入扫描器后，即快速转动使激光反射成一个扫描光束。测量前，必须先用两支已知尺寸的量规作校正，若所有测量尺寸介于此两量规间，可以经电子信号处理后，得到待测尺寸。

③ 三坐标原理　三坐标测量机是由三个互相垂直的运动轴 X、Y 和 Z 建立起的一个直角坐标系，测头的一切运动都在这个坐标系中进行，测头的运动轨迹由测球中心来表示。测量时，把被测零件放在工作台上，测头与零件表面接触，三坐标测量机的检测系统可以随时给出测球中心点在坐标系中的精确位置。当测球沿着工件的几何型面移动时，就可以精确地计算出被测工件的几何尺寸、形状和位置公差等。

综上所述，通过 CT 可获得良好的足踝骨骼图像（图 2-7），通过 MRI 可获得足踝相应的软组织图像（图 2-8），利用人体三维扫描仪可获得足踝外部形态点云数据（图 2-9），由此可获取较为详细的人体内外以及结构组织等测量数据，便于足踝系统的三维数字化模型构建。

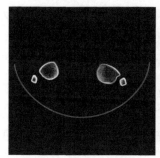 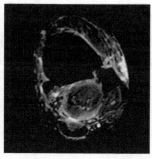 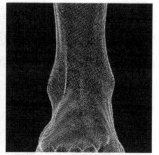

图 2-7　足踝 CT 图像　　　图 2-8　足踝 MRI 图像　　　图 2-9　足踝三维扫描点云

2.3.2　NURBS 曲面重构理论

曲面重构有插值和逼近两种方法，插值方法是指要构建的曲线或曲面经过所给的已知数据点，数据点位于曲线之上；逼近方法指不一定经过已知数据点，近似满足，逼近于所要构建的曲线或曲面。数字化扫描生成点云数据，利用点云重新构建曲线或曲面，所构曲线曲面需要反映数据点的整体形状，在逼近时往往需要一个误差允许的最大范围来约束，实际上逼近要比插值困难很多。采用插值方法构造曲线曲面，其控制点是根据所要构建的曲线曲面阶数和型值点的数量来确定，节点的分布直接、简单，并且没有误差。曲面构造的样条函数可采用 Ferguson 双三次曲面片方法、Coons 双三次曲面片方法、Bézier 方法、有理 B 样条方法以及 NURBS 方法等，由于 NURBS 方法能够对规则曲面和不规则曲面用统一的数学形式来表达，同时，也可以通过权因子控制曲面形状，因此，是比较流行的一种方法。

构建 $k \times l$ 阶 NURBS 曲面，其为有理多项式基函数定义，数学表达式为：

$$p(u,v) = \frac{\sum_{i=0}^{m} \sum_{j=0}^{n} W_{i,j} \boldsymbol{Q}_{i,j} N_{i,k}(u) N_{j,l}(v)}{\sum_{i=0}^{m} \sum_{j=0}^{n} W_{i,j} N_{i,k}(u) N_{j,l}(v)} \qquad (2\text{-}1)$$

式中，$W_{i,j}$ 为控制形状的权因子；$\boldsymbol{Q}_{i,j}$ 为曲面的控制顶点；i（$i=0, 1, \cdots, m$）和 j（$i=0, 1, \cdots, n$）是曲面两个方向上各参数的排序；n 和 m 是曲面两个方向上的控制顶点、权因子和样条基函数的数量；k 和 l 是曲面两个方向上的阶次；u 和 v 是曲面两个方向上的参数变量，$u \in [u_i, u_{i+1}] \subset [u_0, u_n]$，$v \in [v_j, v_{j+1}] \subset [v_0, v_n]$；$N_{i,k}(u)$ 和 $N_{j,l}(v)$ 是曲面的两个基函数，基函数可以通过节点矢量 $\boldsymbol{U}=[u_0, u_1, \cdots, u_{m+k+1}]$ 和 $\boldsymbol{V}=[v_0, v_1, \cdots, v_{n+l+1}]$，根据德布尔-考克斯递推公式计算得出。

曲面的控制顶点 $\boldsymbol{Q}_{i,j}$ 是一个矩形阵列，构成网格形式控制整体曲面形态；权因子 $W_{i,j}$ 对应于控制顶点 $\boldsymbol{Q}_{i,j}$，其取值大小影响曲线曲面的形状，当 $W_{i,j}$ 增大时，曲面接近于控制顶点，当 $W_{i,j}$ 减小时，曲面远离控制顶点。

如果给定型值点 $\boldsymbol{P}_{i,j}$（$i=0,1,\cdots,r; j=0, 1,\cdots,s$），由于曲面上控制顶点的数量由型值点数量和阶数确定，则构建 $k \times l$ 阶的 NURBS 曲面时，未知控制顶点 $\boldsymbol{Q}_{i,j}$（$i=0, 1,\cdots, m; j=0, 1,\cdots, n; m=s+k-1; n=r-1$）的确定需要通过求解张量积曲面插值方程来完成，其表达式为：

$$p(u,v) = \sum_{i=0}^{m} N_{i,k}(u) \left[\sum_{j=0}^{n} N_{j,l}(v) \boldsymbol{Q}_{i,j} \right] \qquad (2\text{-}2)$$

对应的样条曲线表达式为：

$$p(u,v) = \sum_{i=0}^{m} N_{i,k}(u) c_i(v) \qquad (2\text{-}3)$$

则有

$$c_i(v) = \sum_{j=0}^{n} N_{j,l}(v)\boldsymbol{Q}_{i,j} \tag{2-4}$$

假设参数值 v 不变，求得拟合曲线上所需要的 $m+1$ 个控制点 $c_i(v)$（$i=0$, $1, \cdots, m$），进而构建出曲面片 u 方向上的参数曲线。在参数 v 遍历所有 u 方向的点后，可求得曲面两个方向上所有的参数曲线，再以此来构建曲面。u 方向的参数线上对应了点云数据中的每列离散点，进而可构建 $n+1$ 条内插值控制曲线，对这些插值曲线反算求解出插值曲线所对应的控制顶点 $\boldsymbol{Q}'_{i,j}$（$i=0, 1, \cdots, m; j=0$, $1, \cdots, s$）：

$$s_j(u_{k+1}) = \sum_{r=0}^{n} \boldsymbol{Q}'_{i,j} N_{r,k}(u_{k+1}) \tag{2-5}$$

将截面曲线作为等参数线的曲面，要求一组控制曲线来定义截面曲线的控制顶点 $c_i(v_{l+j}) = \boldsymbol{Q}_{i,j}$（$i=0,1,\cdots,m; j=0,1,\cdots,s$），选择其中一组 v，参数值 v_{l+j}（$j=0$, $1, \cdots, s$）为控制曲线的顶点，即为数据点 $\boldsymbol{P}_{i,j}$ 的 v 参数值，则问题表达为 $m+1$ 条插值曲线的反求。

$$\sum_{s=0}^{n} \boldsymbol{Q}_{i,s} N_{s,l}(v_{l+j}) = \boldsymbol{Q}'_{i,j} \quad (i=0,1, \cdots, m; j=0, 1, \cdots, s) \tag{2-6}$$

求解方程式（2-6），可得到所求插值曲面的（$m+1$）×（$n+1$）个控制顶点 $\boldsymbol{Q}_{i,j}$（$i=0, 1, \cdots, m; j=0, 1, \cdots, n$）。

第 3 章
足踝数字化模型构建

本书主要针对足踝运动损伤预防、防止踝运动损伤复发以及慢性踝关节不稳人群的踝护具产品设计，因此所有数据采样均来源于足踝健康者。采集足踝外部形态的点云数据，通过 CT 和 MRI 图像分析足踝主要骨骼形态及外在肌腱等组织分布情况，以此为基础，建立相应的尺寸数据库，并采用 NURBS 曲线曲面插值理论和方法构建足踝相关组织多要素参数的数字化模型。

3.1 足踝外部形态尺寸与踝形态区域

足踝相关产品的设计受其外部形态尺寸影响较大，因此人体形态尺寸的测量数据相对来讲非常重要。人体形态尺寸的测量方法很多，本书主要通过现代的三维扫描技术，获取人体下肢的数据，进一步对数据进行处理，分析足踝主要特征及测量尺寸，构建足踝外部形态曲面的数字化模型，为相关产品设计提供参考依据。

3.1.1 样本选择与数据采集

样本主要来源于全国各地的高校在校学生，包括本科生和研究生，年龄在 18 ~ 27 岁之间，所有样本没有任何足踝部的疾病，且都有一定足部运动相关的爱好。在足中立位（Np）状态下，采集样本右下肢，主要包括足、踝和小腿部分的形态数据。采用 Creaform Go!SCAN 的手持式扫描仪，其精度为 0.1mm，扫描的形态点云数据存储于计算机中，对点云数据缺失严重及尺寸信息不完整的样本进行删除，本书采用逆向工程软件 Imageware 对扫描的点云数据进行处理，经过去噪、光顺以及对缺漏的点进行补充等，最终将处理完成的点云数据保存为 *.txt 格式，便于后期研究使用。最后获得 306 个具有代表性的样本数据，其中男性 157 名，女性 149 名，样本年龄、身高及体重等基本信息统计如表 3-1 所示。

表 3-1　样本基本信息统计

项目	男（157名）				女（149名）			
	平均值	最大值	最小值	标准差	平均值	最大值	最小值	标准差
年龄 /岁	22.2	27.0	18.0	1.62	22.3	27.0	18.0	1.85
身高 /cm	175.1	186.0	162.0	5.36	163.2	173.0	152.0	4.20
体重/kg	68.4	105.0	51.0	10.10	53.0	68.0	45.0	4.86

为了获得踝部形态变化区域的数据，其中 104 个样本（男性 53 人，女性 51 人）做 15° 背伸（Df）、40° 跖屈（Pf）、15° 外翻（Ev）和 20° 内翻（Iv）扫描，扫描过程中，采用坐姿方式，小腿部姿势与位置保持相对不变，所有姿态尽量保持足部形态不变，确保所选的样本足底平面在矢状面上能够做角度旋转，且都可到达相应的背伸和跖屈角度，如图 3-1 所示扫描姿态。

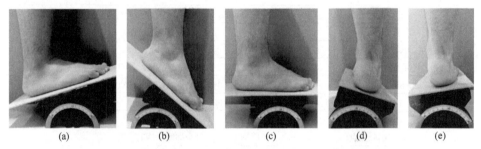

图 3-1　人体下肢扫描姿态：（a）背伸 15°（Df）；（b）跖屈 40°（Pf）；
（c）中立位（Np）；（d）20° 内翻（Iv）；（e）15° 外翻（Ev）

3.1.2 足踝特征点及尺寸测量

（1）建立足踝局部坐标系

在扫描时，足的位置不同，获得的三维数据的位置和方向也不同，需要对这些数据有序化，并建立统一的坐标系。足踝的数据扫描获取过程中，足底置于一个平面之上，因此可以将扫描的数据以这个平面对齐，再以经过足跟突出点作垂直于足底平面的垂线，与足底平面相交的点为坐标原点；x 轴定义为在足底平面上原点到第 1 趾端点的方向，z 轴定义为与足底平面垂直向上的方向，y 轴方向由右手法则决定，则 x-y-z 为足局部坐标系，x-y 平面对应人体水平面，x-z 平面对应人体矢状面，y-z 平面对应人体额状面。利用 ImageWare 软件平台，将扫描数据调整为沿 z 轴的等距离有序点云序列。

（2）踝区域主要特征点

目前有大量关于足部及足相关产品的研究，参照足部相关文献 [183] ～ [185]，结合上述分析，共标定了 26 个足踝形态特征点，这些特征点主要包括参考文献中涉及的人机工程学、人体测量学和解剖学等定义的一些主要的点，也包括了一些足踝形态有突出变化的点等，如表 3-2 所示，对特征点的定义名称、位置等进行了说明，通过图 3-2 显示了其几何位置。其中，点 P_1 ～ P_{14} 共 14 个点为踝外部形态区域特征点，点 P_{15} ～ P_{26} 共 12 个点为足外部形态特征点，由于目前已有大量关于足部产品的研究，涉及较多的足部形态，本书主要关于踝关节的保护，集中在外部形态区域的讨论，结合不同类型的踝护具产品，涉及更多足部尺寸可参照已有研究的相关文献。

表 3-2　特征点定义

	特征点及名称	特征点位置描述
P_1	足背点	x-z面上足背部形态变化分界位置的点
P_2	足后跟点	x值最小的点，x-z面上足跟形态变化分界位置的点
P_3	内踝突出点	胫骨下端内踝最突出点
P_4	外踝突出点	腓骨下端外踝最突出点
P_5	腿部最小围前点	小腿最小围线最前端的点
P_6	腿部最小围后点	小腿最小围线最后端的点
P_7	内踝点	胫骨最下端的点
P_8	外踝点	腓骨最下端的点
P_9	腿部最小围胫侧点	小腿最小围线胫侧的端点
P_{10}	腿部最小围腓侧点	小腿最小围线腓侧的端点
P_{11}	足部围胫侧点	足部分界围线胫侧的端点
P_{12}	足部围腓侧点	足部分界围线腓侧的端点
P_{13}	胫前下点	足背面上位于足和腿的交叉处的拐点
P_{14}	跟腱曲率最大点	跟腱最细的部位
P_{15}	趾尖点	足坐标系中x值最大的点
P_{16}	胫侧跖骨点	第1跖骨头胫侧最突出的点
P_{17}	前中足背分界点	过胫侧跖骨点和腓侧跖骨点的垂直平面和x-z平面与足背的交点
P_{18}	腓侧跖骨点	第5跖骨头腓侧最突出的点
P_{19}	前中足底分界点	过胫侧跖骨点和腓侧跖骨点的垂直平面和x-z平面与足底的交点
P_{20}	足内侧纵弓最高点	足内侧纵弓曲线最高位置的点
P_{21}	第5跖骨底外侧点	第5跖骨底粗隆的外侧突出点
P_{22}	足弓点	足底平面足弓线y值最小的点
P_{23}	足跟内侧点	足内侧纵弓的起始点
P_{24}	足跟外侧点	足外侧纵弓的起始点
P_{25}	足跟结节点	足跟压力的中心点
P_{26}	足跟后侧点	足坐标原点与胫前下点连线与足跟的交点

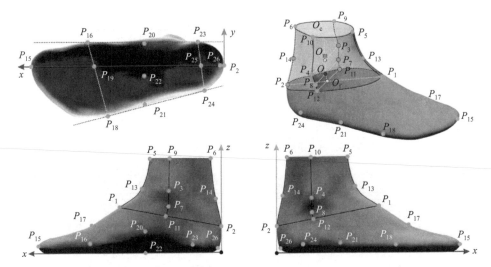

图 3-2　足踝主要特征点

点 P_7 和 P_8 位于距骨旋转轴线上且分别位于踝突出点 P_3 和 P_4 正下方，P_3、P_4、P_7 和 P_8 所构成的面与小腿最小围线交于点 P_9 和 P_{10}；经过 P_7 和 P_8 且垂直于足部分界围线的平面，与足部分界围线交于点 P_{11} 和 P_{12}。线段 P_7P_8、P_9P_{10} 和 $P_{11}P_{12}$ 与 x-z 平面的交点分别为 O、O_c 和 O_f，则有 O、O_m 和 O_c 共线并且垂直于小腿最小围线；线段 OO_f 垂直于足部的分界围线，其中足部分界围线和小腿最小围线的确定在后面详细阐述。

（3）足踝形态尺寸统计

踝外部形态尺寸主要包括特征点之间的距离尺寸、特征点之间的高度和水平尺寸差，以及经过相关特征点的围长等。参照文献，足部尺寸包括了足长、足宽、主要特征点间的距离尺寸以及经过相关特征点的围长等，足踝外部形态尺寸具体说明见表 3-3。

表 3-3　足踝外部形态尺寸说明

项目	尺寸名称	尺寸描述
P_1P_2	足部分界围线最大径	Dis（P_1, P_2），点 P_1 到 P_2 的距离
P_1P_2z	足跟足背高度差	$P_1.z$-$P_2.z$，点 P_1 和 P_2 的垂直高度差
$P_{11}P_{12}$	足部分界围线最小径	Dis（P_{11}, P_{12}），点 P_{11} 到 P_{12} 的距离
GP_1P_2	足部分界围线长	Gir（P_1, P_2），经过点 P_1 和 P_2 的足部分界围线长度
P_5P_6	腿部分界围线最大径	Dis（P_5, P_6），点 P_5 到 P_6 的距离
P_9P_{10}	腿部分界围线最小径	Dis（P_9, P_{10}），点 P_9 到 P_{10} 的距离
GP_5P_6	最小腿围长	Gir（P_5, P_6），最小腿围线的长度
P_3P_4	内外踝距离	Dis（P_3, P_4），点 P_3 到 P_4 的距离

项目	尺寸名称	尺寸描述
P_3P_4x	内外踝前后差	$P_3.x$-$P_4.x$，点P_3到点P_4的x尺寸
P_3P_4z	内外踝高度差	$P_3.z$-$P_4.z$，点P_3和P_4的垂直高度差
$GP_3P_4P_{14}$	足踝围长	Gir（P_3，P_4，P_{14}），经过点P_3、P_4和P_{14}的围线长度
Oz	距骨旋转中心高	$O.z$，点O的垂直高度
O_mO+OO_f	踝区域高度	Dis（O_m，O，O_f），点O_m到O与点O到O_f的距离之和
O_mO_c	内外踝至最小腿围距离	Dis（O_m，O_c），O_m到O_c的距离
$P_{16}P_{18}y$	足宽	$P_{16}.y$-$P_{18}.y$，点P_{16}到P_{18}的尺寸
$P_2P_{15}x$	足长	$P_{15}.x$-$P_2.x$，点P_{15}到P_2的尺寸
$P_2P_{16}x$	胫侧距骨点长	$P_{16}.x$-$P_2.x$，点P_{16}到P_2的x尺寸
$P_2P_{18}x$	腓侧距骨点长	$P_{18}.x$-$P_2.x$，点P_{18}到P_2的x尺寸
$P_2P_{23}x$	足后跟长	$P_{23}.x$-$P_2.x$，点P_{23}到P_2的x尺寸
$P_{23}P_{24}y$	足后跟宽	$P_{23}.y$-$P_{24}.y$，点P_{23}到P_{24}的y尺寸
$GP_{13}P_{26}$	足兜围长	Gir（P_{13}，P_{26}），经过点P_{13}和P_{26}的足兜围线长度
GP_1P_{22}	足背围长	Gir（P_1，P_{22}），经过点P_1和P_{22}的足背围线长度
$GP_{16}P_{18}$	足掌围长	Gir（P_{16}，P_{18}），经过点P_{16}和P_{18}的足掌围线长度

在足部坐标系中，对齐中立位状态的数据模型，识别标定的主要特征点，获取特征点的三维坐标数据，可直接提取出特征点之间的距离、特征点之间的高度和水平尺寸差等相关数据；依次求得构成围线的点两两相邻之间的距离，获得不同位置的围线长度。男性和女性的足踝外部形态尺寸统计数据见表3-4。

表3-4　男性和女性足踝外部形态尺寸统计　　　　　　　单位：mm

项目	男性				女性			
	平均值	最大值	最小值	标准差	平均值	最大值	最小值	标准差
P_1P_2	130.9	142.3	111.9	6.47	119.5	134.7	104.5	6.62
P_1P_2z	21.8	32.6	10.3	5.58	19.6	30.6	9.0	5.04
$P_{11}P_{12}$	58.2	75.1	46.7	5.57	55.1	65.8	48.3	3.43
GP_1P_2	317.3	344.7	279.8	13.89	289.9	318.3	255.8	14.25
P_5P_6	79.1	95.4	68.6	5.74	74.4	82.7	65.7	3.30
P_9P_{10}	65.2	80.3	57.8	4.13	59.5	67.5	50.5	3.47
GP_5P_6	215.6	268.9	181.5	17.93	203.8	229.3	185.5	9.28
P_3P_4	73.6	82.5	63.8	3.36	66.3	73.5	57.5	3.42
P_3P_4x	12.9	23.2	4.2	3.85	9.7	22.4	1.9	4.09
P_3P_4z	10.8	18.5	6.0	2.45	9.4	18.9	4.2	2.70
$GP_3P_4P_{14}$	258.6	304.6	221.2	12.35	237.7	261.0	206.2	10.51
Oz	62.4	74.7	53.1	4.66	54.7	61.8	45.9	2.97
O_mO+OO_f	73.8	85.6	54.8	6.53	61.2	76.6	48.9	6.35

项目	男性				女性			
	平均值	最大值	最小值	标准差	平均值	最大值	最小值	标准差
O_mO_c	46.4	59.4	32.5	5.61	37.1	52.4	24.3	6.04
$P_{16}P_{18}y$	90.0	99.5	79.8	4.74	83.6	96.6	75.3	3.63
$P_2P_{15}x$	244.7	264.8	222.0	9.05	225.6	244.1	204.6	8.63
$P_2P_{16}x$	173.1	193.6	151.2	9.74	164.4	181.4	139.1	6.97
$P_2P_{18}x$	139.4	165.6	120.1	8.53	134.0	154.4	118.2	7.57
$P_2P_{23}x$	37.2	53.4	22.1	6.29	36.4	45.0	26.5	4.11
$P_{23}P_{24}y$	61.7	73.9	54.6	3.79	57.1	64.3	46.9	3.27
$GP_{13}P_{26}$	322.5	353.9	296.8	13.98	294.6	317.6	266.8	11.20
GP_1P_{22}	244.4	300.9	215.1	14.85	217.4	235.4	196.1	7.51
$GP_{16}P_{18}$	238.0	271.9	211.0	12.57	213.6	231.7	192.9	7.43

3.1.3 踝形态区域

足的上端部分到小腿下端的部分是踝部，由于踝关节运动，踝外部形态发生改变，为了使保护踝关节的相关产品能够更好地与之匹配，本书着重根据人体形态特征，划分出踝所在的区域，并建其形态数字化三维模型。首先，寻找足和踝、踝和小腿之间分界的特征点；其次，经过这些特征点，在形态表面上构成曲线；最后，根据曲面的变化特征确定踝形态区域，具体通过以下方法实现。

（1）踝区域内的特征点

通过不同形态的扫描数据发现，足部形态变化有两个主要特征点，一是脚背位置，二是脚后跟位置，记点 P_1 为脚背形态变化起始点，点 P_2 为脚后跟形态变化起始点；小腿下端最显著的特征是胫骨内踝和腓骨外踝突出，胫骨内踝和腓骨外踝突出非对称且不在同一水平面上，记点 P_3 为胫骨内踝突出点，点 P_4 为腓骨外踝突出点；小腿部的形态变化主要在小腿最小围长位置以下，记点 P_5 为小腿最小围线前侧端点，点 P_6 为后侧端点。寻找踝局部区域 y 的最大值和最小值可提取小腿胫骨内踝形态特征点 P_3 和腓骨外踝形态特征点 P_4，以足部坐标系 x-z 平面与线段 P_3P_4 的交点 O_m 为坐标原点，建立小腿局部坐标系，在中立位状态下，小腿局部坐标 x'、y' 和 z' 轴分别平行于足坐标 x、y 和 z 轴，若以小腿局部坐标系或足部坐标系对齐数据模型，则背伸、跖屈状态扫描数据模型的 y' 和 z' 轴与中立位状态的平行，x' 与 x 轴之间存在一定的角度。踝部区域的几个主要特征点和局部坐标如图 3-3 所示。

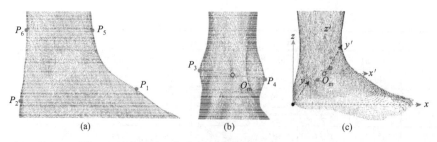

图3-3 踝部区域：（a）形态变化位置点 P_1、P_2、P_5 和 P_6；
（b）内外踝突出点 P_3 和 P_4；（c）局部坐标系

（2）区域位置点及分界围线

① 足部变化分界围线 针对足踝跖屈、背伸运动时的脚踝关节曲面变化特征，在其运动的矢状面上提取足部形态曲线及其变化特征点位置，以足坐标系对齐踝关节变化的两组不同状态扫描数据模型，如图3-4所示对齐站姿模型与背伸状态模型，分别沿两组模型 z 轴方向的扫描等距点云层顺序，提取每个等距点云层中 x 值最大和最小的点，即 x 值最大点为前侧（脚背）轮廓点，x 值最小点为后侧（脚后跟）轮廓点，依次标定这些点位置坐标数据，中立位模型 x 值最大点集标记为 $\mathbf{PN}_1$，按照等距点云层顺序依次记为 PN_{10}, PN_{11}, PN_{12}, $\cdots$, PN_{1n}，x 值最小点集标记为 $\mathbf{PN}_2$，按照等距点云层顺序依次记为 PN_{20}, PN_{21}, PN_{22}, $\cdots$, PN_{2n}，背伸 $15°$ 的模型 x 值最大点集标记为 $\mathbf{PD}_1$，按照等距点云层的顺序将其依次记为 PD_{10}, PD_{11}, PD_{12}, $\cdots$, PD_{1n}，x 值最小点集标记为 $\mathbf{PD}_2$，按照等距点云的顺序将其依次记为 PD_{20}, PD_{21}, PD_{22}, $\cdots$, PD_{2n}。对比相同等距点云层上相应位置的点 $\mathbf{PN}_1$（Nx, Ny, Nz）与 $\mathbf{PD}_1$（Dx, Dy, Dz）之间的切比雪夫距离：

$$d = \max(|Nx - Dx|, |Ny - Dy|, |Nz - Dz|) \qquad (3\text{-}1)$$

当连续点位置切比雪夫距离超出给定的阈值（1mm）时，即 $d \geqslant 1\text{mm}$，则前一个点为形态区域变化的特征点，得到踝前部特征点，标记为点 P_1。同样，可得到踝后部特征点，标记为 P_2。

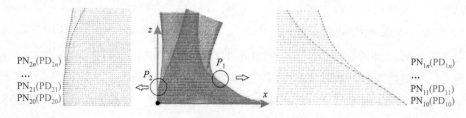

图3-4 足部形态变化位置点提取

经过点 $P_1(x_1, y_1, z_1)$ 和 $P_2(x_2, y_2, z_2)$ 构建一个平行于 y 轴的平面，在与该平面相交的等距点云层上，求取与该平面距离小于给定域值的点，这些点形成足与踝的分界围线，人体足与踝的分界围线见图3-5，通过足内翻和外翻的模型数据同样可以获取到这个围线。

② 小腿部变化分界围线　在中立位状态模型中，以小腿局部坐标系原点 O_m 位置开始，垂直方向向上通过冒泡排序法提取构成小腿横向最小周长的点，这些点构成小腿最小围线。在这些点中取 x' 值最大的点为前侧端点 P_5，取 x' 值最小的点为后侧端点 P_6，见图3-6。

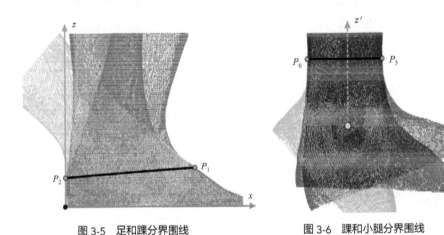

图 3-5　足和踝分界围线　　　　　图 3-6　踝和小腿分界围线

3.2 足踝模型曲面重构

扫描足踝形态得到系列点云数据，由于点的数量不同，在生成三维形态的三角网格曲面后，难以根据曲面中的数据点对后续的踝区域形态差异与变化特征进行分析，因此，需要建立具有相同拓扑结构的踝区域曲面模型，同时由于足踝围度尺寸是相关产品设计非常重要的一个方面的参考，不同产品设计可能涉及不同的围度，在重新构建模型时应充分考虑特征截面围线，因此便于后期研究不同产品设计参数所需。本书提出局部均匀分布的特征截面线重构方法，从不同数量点云中提取得到构成形态特征截面线的数据点，其局部对应的点的数量相同，性质也相同，再通过 NURBS 曲线曲面插值技术，得到不同状态下的足踝形态曲面模型。

3.2.1 局部均匀分布的特征截面线重构方法

局部均匀分布的特征截面线重构是指根据形态需求，在保证精度范围内，对曲面上型值点的选取，按照特征点局部之间，即局部特征曲线均匀分布的原则，这样既保证了特征点及型值点原始数据不变，又对应了模型相同的拓扑结构。具体方法是：首先，确定重构曲面的 u、v 方向，根据特征点划分局部区域；其次，确定一个方向（u 方向或 v 方向）上经过相关特征点的截面，根据特征截面求取构成截面线的型值点，按照对应特征点之间均匀分布的原则以及精度要求，减少截面线上的型值点；再次，构建另外一个方向上对应的特征截面线，同样按照局部均匀分布和保证精度的原则，提取型值点；最后，通过型值点以不同方式构建形态曲面。

3.2.2 踝形态区域曲面型值点提取

设定点云构成的踝形态区域边界 GP_1P_2 和 GP_5P_6 为 u 方向，前侧轮廓点 P_1 到点 P_5 和后侧轮廓点 P_2 到点 P_6 分别为踝曲面模型的 v 方向。在满足精度范围内构建 $(r+1) \times (s+1)$ 个型值点，$r+1$ 表示 u 方向的数量，$s+1$ 表示 v 方向的数量，型值点集记为 $\boldsymbol{P}$，$\boldsymbol{P}_{i,j}$（$i = 0, 1, \cdots, r; j = 0, 1, \cdots, s$）为型值点。踝形态区域在足踝关节运动过程中会产生巨大的形态变化，根据形态变化规律及局部形态特征，按照前面所述的模型曲面重构的步骤，以特征截面线来划分更多细小的区域，进而选取出型值点，确定 r 和 s 的值。

首先，构建 v 方向的特征截面，三个截面分别为 $P_1P_2P_5P_6$ 面（x-z 平面）、平行于 y 轴的 $P_9P_3P_7P_{11}$ 面和 $P_{10}P_4P_8P_{12}$ 面，提取足踝点云上所有距离截面 0.1mm 以内的点，这些点构成截面曲线的型值点，形成 4 条 v 方向特征截面曲线。

其次，在特征点保持不变的情况下，将这些 v 向截面线型值点减少到一定相同的数量。其中，由于截面特征线 P_9P_{11} 由两个特征点 P_3 和 P_7 分为局部特征曲线段 P_3P_9、P_3P_7 和 P_7P_{11}，截面特征线 $P_{10}P_{12}$ 由两个特征点 P_4 和 P_8 分为局部特征曲线段 P_4P_{10}、P_4P_8 和 P_8P_{12}，曲线段 P_3P_9 和 P_4P_{10}、P_3P_7 和 P_4P_8、P_7P_{11} 和 P_8P_{12} 两两对应，截面特征线 P_1P_5 和 P_2P_6 分别由一个特征点 P_{13} 和 P_{14} 分为两个局部特征曲线段，因此其对应关系可分为两种，一种是 P_5P_{13} 和 P_6P_{14} 对应 P_3P_9 和 P_4P_{10}，另外一种是 P_5P_{13} 和 P_6P_{14} 对应 P_7P_9 和 P_8P_{10}。这里选择第一种对应关系，减少对应曲线构成的型值点到数量相同且均匀分布，保证其精度（0.1mm）要求，这些工作通过 Rhino 软件来完成。最终获得局部特征曲线段 P_5P_{13}、P_3P_9、P_6P_{14}、P_4P_{10}、P_1P_{13} 和 P_2P_{14} 分别由 13 个点构成，P_3P_7 和 P_4P_8 由 8 个点构成，P_7P_{11} 和 P_8P_{12} 由 6 个点构成，即每条 v 向截面线由 25 个型值点构成，如图 3-7 所示，v 向最大偏差（0.096mm）位于曲线段 P_4P_8 上曲率最小的点的位置。

最后，结合特征点及 4 条 v 方向特征截面线型值点，构建 u 方向特征截面。每个 v 方向的特征截面线上有 25 个型值点，对应 25 个 u 方向截面线，每个 u 向已知 4 个型值点，通过这 4 个已知点生成截面。例如，已知第 13 条 u 向截面的 4 个型值点分别为特征点 P_3、P_4、P_{13} 和 P_{14}，构建的截面如图 3-8 所示，其他截面构建方法相同。同样，提取距离截面 0.1mm 以内的点，在保证精度范围内抽离局部均匀分布的型值点，由 4 条 v 方向特征截面线划分的每个 u 向局部特征截面线分别由 19 个型值点构成，由于 u 向曲线为封闭曲线，因此每个 u 向特征截面线由 72 个型值点构成。

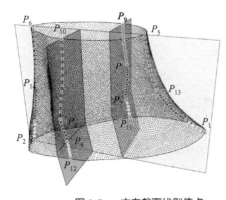

图 3-7　v 方向截面线型值点

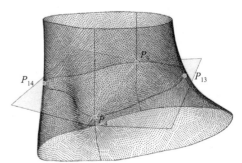

图 3-8　构建 u 方向截面

至此，提取出了构成 u 向截面线的 25 个和构成 v 向截面线的 72 个型值点，如图 3-9 所示，对所有型值点编号，则型值点集 $\boldsymbol{P}$ 为 25×72，即 $r=24$，$s=71$，共 1800 个型值点。

3.2.3 基于 NURBS 插值的踝形态曲面重构

通过上述方法已获得踝形态区域曲面的 1800 个型值点，无论足踝在哪种

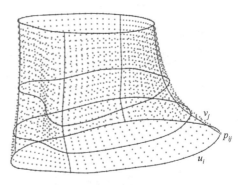

图 3-9　型值点及 u、v 方向曲线

运动状态下，其形态曲面构成具有相同的拓扑结构，且保持特征位置不变，每个局部特征之间具有对应关系，为进一步得到光滑的曲面模型，采用 NURBS 曲面插值技术实现足踝形态曲面的重构。主要通过以下方法来完成。

首先，参数化型值点，一般有三种方法可以进行型值点的参数化处理，即累积弦长参数法、均匀参数法和向心参数法。均匀参数法和向心参数法都存在一定缺点，累积弦长参数法被认为是最佳的参数化方法，其如实反映了数据点按照弦长分布情况，能够均匀分布数据点的弦长，多数情况下能够获得比较满意的曲线效果，插值所做的曲线具有较好的光顺性。累积弦长参数化法的型值点参数化处理表达式为：

$$
\begin{cases}
u_0 = u_1 = u_2 = u_3 = 0 \\
u_4 = \dfrac{\left\| \overrightarrow{P_{1,j}P_{2,j}} \right\|}{S}, u_5 = \dfrac{\left\| \overrightarrow{P_{1,j}P_{2,j}} \right\| + \left\| \overrightarrow{P_{2,j}P_{3,j}} \right\|}{S} \\
\cdots \\
u_n = \dfrac{\left\| \overrightarrow{P_{1,j}P_{2,j}} \right\| + \cdots + \left\| \overrightarrow{P_{r-3,j}P_{r-2,j}} \right\|}{S}
\end{cases}
$$

$$(3\text{-}2)$$

$$
S = \sum_{i=0}^{r-1} \left\| \overrightarrow{P_{i,j}P_{i+1,j}} \right\|
$$

式中，u_i 为节点；S 为弦长的总和；$P_{i,j}$（$i = 0, 1, \cdots, r; j = 0, 1, \cdots, s$）表示插值的型值点。

其次，确定节点的矢量，通过对型值点参数化处理后，求得 u 和 v 两组参数曲线的方向矢量。方向矢量所对应的离散点按照规范参数原则进行内插，已知踝形态区域曲面上的型值点 $P_{i,j}$（$i = 0, 1, \cdots, r; j = 0, 1, \cdots, s$），如果将 u 参数线作为一组参数曲线，曲面截面的位置决定了 v 向定义的点集参数化 $\bar{v}_j$（$j = 0, 1, \cdots, s$）。对离散点在两个方向进行累积弦长参数化处理，可得到 $P_{i,j}$ 的两个参数值（$\bar{u}_i, \bar{u}_j$），$i = 0, 1, \cdots, r; j = 0, 1, \cdots, s$。一般取 u、v 两组参数线为 3 阶，则曲面方程表达为：

$$
p(u,v) = \sum_{i=0}^{m}\sum_{j=0}^{n} Q_{i,j} N_{i,3}(u) N_{j,3}(v) \quad (0 \leqslant u,v \leqslant 1) \tag{3-3}
$$

u、v 两组参数方向对应的节点矢量分别为 $U = [u_0, u_1, \cdots, u_{m+4}]$ 和 $V = [v_0, v_1, \cdots, v_{n+4}]$，其中 $m = r+2$，$n = s+2$。曲线、曲面定义域为 $u \in [u_3, u_{m+1}] = [0,1]$，$v \in [v_3, v_{n+1}] = [0,1]$。定义域内节点对应的参数点参数为（$u_i, v_j$）=（$\bar{u}_{i-3}, \bar{v}_{j-3}$），$i = 3, 4, \cdots,$

$m+1; j=3, 4, \cdots, n+1$。

再次，反求控制顶点，根据张量积曲面自身性质，通过反求曲线实现曲面的反算，曲面表达式为：

$$p(u,v) = \sum_{i=0}^{m} N_{i,3}(u) \left[\sum_{j=0}^{n} N_{j,3}(v) \boldsymbol{Q}_{i,j} \right] = \sum_{i=0}^{m} N_{i,3}(u) \boldsymbol{c}_i(v) \tag{3-4}$$

式中，$m+1$ 条控制曲线 $\boldsymbol{c}_i(v) = \sum_{j=0}^{n} N_{j,3}(v) \boldsymbol{Q}_{i,j}$ 上变量为 v_j 的 $m+1$ 个点，这些点是式（3-5）所表达的拟合曲面截面曲线的控制点，离散点 $\boldsymbol{P}_{i,j}$（$i = 0, 1, \cdots, r$）分布于拟合曲线上。因此，通过这些数据点就可得到曲面的控制顶点 $\boldsymbol{c}_i(v_i)$（$i = 0, 1, \cdots, m$），重复以上过程，遍历定义域 $[v_3, v_{n+1}]$ 内的所有数据点后，可得到拟合曲面的四边拓扑结构控制顶点。

$$p(u,v) = \sum_{i=0}^{m} \boldsymbol{c}_i(v_j) N_{i,3}(u) \tag{3-5}$$

从次，确定权因子，在此设定权因子均为1。

最后，将各参数（控制顶点、权因子、节点矢量等）代入曲面公式（2-1）中，即可获得足踝形态区域重构曲面，踝形态区域重建模型如图3-10所示。

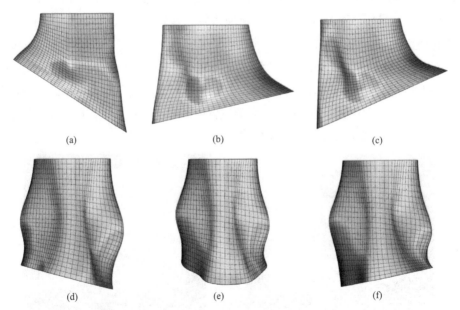

(a)　　　　　　　　　　(b)　　　　　　　　　　(c)

(d)　　　　　　　　　　(e)　　　　　　　　　　(f)

图3-10　踝形态区域重建模型：（a）跖屈；（b）中立位外侧观；（c）背伸；（d）内翻；（e）中立位后侧观；（f）外翻

3.2.4 中、后足外部形态模型

不同的踝护具产品会涉及中、后足部相关尺寸，在足踝运动中，中、后足外部形态相对于踝部形态变化较小，本书不对其形态变化做深入分析，仅考虑相关尺寸的测量统计，便于后期相关产品设计研究使用。采用上述方法，对中、后足外部形态连同踝形态区域的中立位模型曲面重构，如图 3-11 所示。

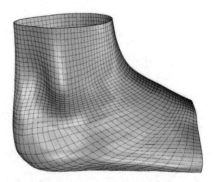

图 3-11　中、后足形态模型

3.3 足踝骨骼模型构建

3.3.1 样本与设备

选择足踝形态最接近平均尺寸的右足样本，此志愿者为男性，年龄 24 岁，身高 173cm，体重 65kg，没有足部外伤史。采用美国 GE 公司的 Optima CT680 设备（图 3-12），其像素点数 512×512，扫描间距与层厚为 1.25mm，辐射剂量为 150mA，采用 AW VolumeShare5 处理系统，获得足踝五种姿态，即中立位、背伸 15°、跖屈 40°、内翻 15° 和外翻 10° 下的骨骼 CT 图像，存储为 dicom 格式，以此为基础建立足踝骨骼系统的三维几何模型。由于 MRI 的成像效果，例如对比度明显高于 CT 图像，MRI 对软组织具有较高的分辨率，因此，本研究对于足踝软组织部分，例如韧带、肌腱位置分布等，采用美国 GE 螺旋磁共振设备 Optima MR360 1.5T（图 3-13）完成。

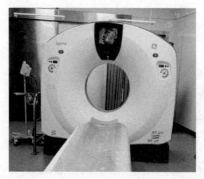

图 3-12　CT 设备

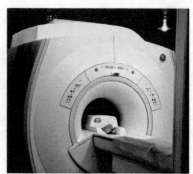

图 3-13　MRI 设备

3.3.2 足踝骨骼模型构建

CT 获取的是一系列图像，图 3-14 显示足踝部其中的 12 张图像，三维 CT 重建是通过对采集的 CT 图像进行处理，以获得视觉上的三维显示方式，但其主要为图像的视觉表现，供观察和分析，因此对于实际尺寸测量、运动学研究等需要构建三维几何模型，当前主流的生物医学软件 Mimics、Simpleware 等可实现人体组织的三维重建，采用对骨组织的轮廓点云手工提取方法与上述软件数据提取的方法一致。本书主要采用 CAD 设计软件手工方法提取足踝数据骨骼点云，手工方法有助于理解骨骼解剖学结构，由于研究主要集中于足踝产生背伸、跖屈、内翻和外翻等运动特征，因此，标记出胫骨、腓骨下端、距骨以及跟骨构成的主要关节骨骼，提取过程得到了医学影像科医生的帮助和指导，具体通过以下步骤和方法完成。

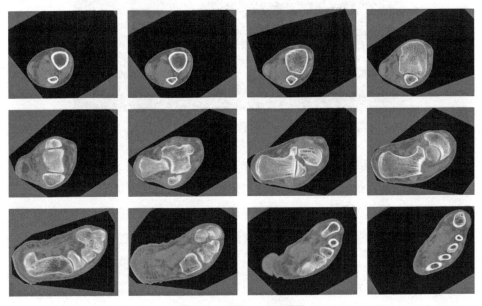

图 3-14 足踝 CT 序列图像

（1）图像处理

将 CT 获取的 dicom 格式图片进行批处理，转换为名称相同的 JPG 格式的图片，然后通过图像处理软件，提取每张图像中的骨骼轮廓点，dicom 格式的医学数据名称的命名是顺序递增的方式，转换为 JPG 格式后名称对应，数据对应便于识别，也便于计算对应的每张图片中的点云数据 z 坐标值，如图 3-15 所示为小腿部最小围线处图像中的胫骨轮廓点云提取。通过整个图像中的像素数量和实际尺寸大小，判断每个点在图像中的具体位置，确定每个点的 x 和 y 坐标值，CT 形成图像之间的层距与每张图片名称的序列数乘积，所得的数据即为 z 坐标值，这样形成空间三维的点云数据，例如第 60 张图像上所有拾取的点云数据的 z 坐标值为 $1.25 \times 60 = 75mm$。通过该方法，点云中每个点坐标值来源清晰，便于几何数据的管理和模型的修改。

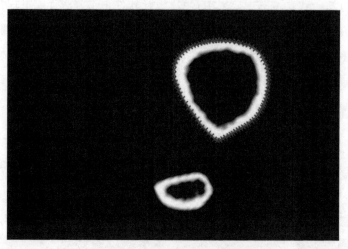

图 3-15　骨骼轮廓点的提取

（2）几何模型构建

获得足踝的三维点云之后，采用与足踝形态重构同样的方法，以中立位姿态下的足踝几何模型构建为例来介绍足踝三维几何模型的重建过程。首先，将所有的轮廓点云数据导入 Imageware 软件系统中，对点云数据去噪、光顺等处理，对缺失点修补，其次，对点云层曲线拟合，设定最大误差为 0.10mm 形成的闭合曲线，控制原始数据的拟合度，最后，通过每一层的闭合轮廓曲线，生成形态曲面，构建出胫骨、腓骨下端、距骨以及跟骨等主要骨骼的三维几何模型。本书对于另外四种姿态（背伸 15°、跖屈 40°、内翻 20° 和外翻 15°）下的骨骼也进行了三维模型的构建，如图 3-16 所示，因为骨骼形态不会发生变化，其他角度的模型构建方法是寻找各关节轴线或旋转中心，按照 CT 不同姿态下骨骼位置和角度进行匹配，最终将数据模块化保存和管理。

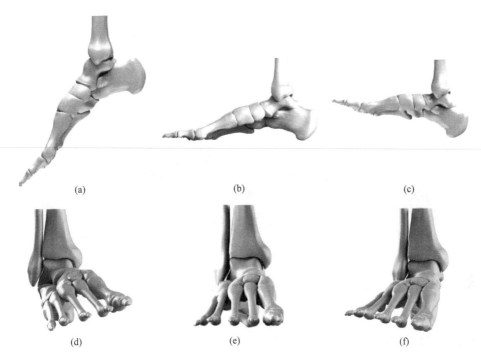

图 3-16　足踝骨骼模型：（a）跖屈 40°；（b）中立位内侧观；
（c）背伸 15°；（d）内翻 20°；（e）中立位前面观；（f）外翻 15°

3.3.3　距骨形态特征

　　如前所述，距骨是一个骨质的关节盘，包括距骨头、距骨颈和距骨体，距骨头为半球形态，与舟骨形成关节，距骨体周围存在很多面，包括前内踝面与内踝接触，外踝面与外踝接触，分别形成关节，跟骨下面的前跟关节面、中跟关节面、后跟关节面与跟骨形成关节，距骨滑车和胫骨下端构成关节，距骨结构及形态如图 3-17 所示。

　　距骨滑车关节面前宽后窄，形成两条螺旋线，距骨滑车形态影响足踝的运动，其尺寸测量主要包括：滑车面弧线长度、半径及不同位置的宽度尺寸。本书的 CT 扫描样本选择了足踝平均尺寸，骨骼形态尺寸在相关解剖学、测量学参考文献的数据范围之内，因此，后期研究所需具体数据主要来源于相关参考文献的数据统计。

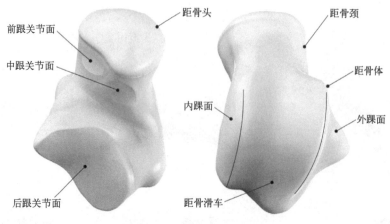

图 3-17　距骨结构和形态

3.4 足踝肌腱分布尺寸测量及肌肉线模型

3.4.1 肌腱分布

　　足的外在肌起于小腿，分布于小腿周围，以肌腱止于足，附着在相应的骨骼上，足部多数肌腱坚韧，传递肌肉收缩产生的力，促使足部活动，做不同角度方向的运动。通过 MRI 图像可获得足踝部肌肉肌腱的位置分布，例如经过小腿部最小围处截面 L_{girth} 和经过踝关节旋转中心截面 T_{girth}（图 3-18）的肌肉肌腱位置具体分布情况，分别如图 3-19 和图 3-20 所示。

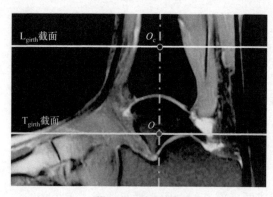

图 3-18　截面位置

　　足踝部的肌腱对应足外在肌，前侧肌腱主要包括胫骨前肌腱（TTA）、趾长伸肌腱（TEDL）、𧿹长伸肌腱（TEHL），其中，趾长伸肌腱通过背侧扩张分成 4 条肌腱，止于相应各趾的中节和远节趾骨背侧基底部；外侧肌有腓骨长肌和腓骨短肌，腓骨长肌腱（TPL）和腓骨短肌腱（TPB）绕经外踝，与外踝的后面接触；后侧深肌有胫骨后肌、趾长屈肌和𧿹长屈肌，胫骨后肌腱（TTP）和趾长屈肌腱（TFDL）经内踝正后方，趾长屈肌再经过第1跖骨基底部水平，随后分为4条肌腱，分至各趾，踇长屈肌腱（TFHL）经胫骨下端、距骨的后面；后侧浅肌有比目鱼肌、腓肠肌和跖肌，以跟腱（AT）止于跟骨结节。

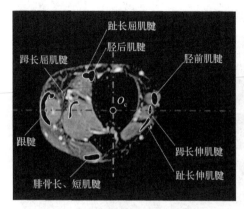

图 3-19　肌腱在最小腿围处横截面的分布

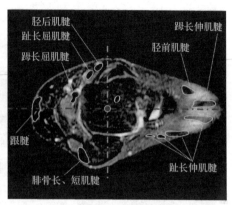

图 3-20　肌腱在踝关节处横截面的分布

3.4.2 肌腱分布尺寸测量

由于足踝内部组织结构的复杂变化及关节活动变化，肌腱在不同截面位置分布的具体尺寸不相同，但是从小腿最小围处至踝关节旋转中心的截面分布具有一定的规律性，为了后期足踝受力的研究，通过 MRI 图像统计测量了 9 个具有代表性样本的小腿最小围处主要外在肌的肌腱分布情况。分布情况统计的具体方法是：以小腿最小围处的 P_5P_6 尺寸均值（76.5mm）为标准，将所有样本按比例缩放至 P_5P_6 均值尺寸，样本的 P_5P_6 尺寸与平均尺寸的比值记为 $\mathrm{CL_{girth}}$，在所有样本具有统一的 EF 尺寸基础之上，提取每个肌腱或肌腱组在小腿最小围处截面的轮廓线，如图 3-21 所示。

以 O_c 为坐标原点，求得肌腱或肌腱组轮廓线几何中心的坐标位置，标准化的 9 个样本的小腿最小围处肌腱或肌腱组的几何中心分布及平均位置尺寸见表3-5，其中由于腓骨第三肌由趾长肌分出，非常细小，起于腓骨下端前面及骨间膜，因此未做统计。

3.4.3 足踝外在肌肉线模型

根据肌肉的路径，参照直线路径、设置代止点的折线路径和设置障碍物的

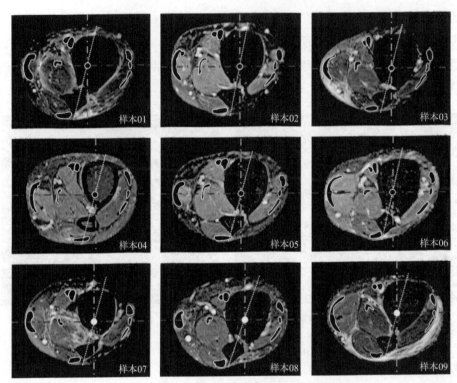

图 3-21　样本肌腱在小腿最小围处截面的分布图

表 3-5　样本肌腱在小腿最小围处截面的分布尺寸

样本		样本01	样本02	样本03	样本04	样本05	样本06	样本07	样本08	样本09	平均值
CL$_{girth}$		1.10	1.05	0.90	0.93	0.98	1.08	1.18	0.90	0.89	1.00
TTA	x	26.47	24.89	24.27	20.23	26.30	24.80	23.32	22.35	22.97	23.96
	y	5.87	6.81	7.65	10.53	7.65	8.77	6.83	7.70	8.26	7.79
TEDL	x	27.33	22.16	22.79	20.93	24.48	23.95	23.13	22.13	23.75	23.41
	y	0	0	0	0	0	0	0	0	0	0
TEHL	x	24.19	18.90	18.64	17.88	20.93	18.60	20.03	19.47	20.90	19.95
	y	−8.99	−8.17	−8.48	−8.68	−8.19	−10.04	−7.78	−8.85	−7.64	−8.54
TPL-TPB	x	−15.68	−12.61	−12.89	−9.17	−11.14	−10.92	−12.34	−15.93	−13.21	−12.65
	y	−30.65	−27.34	−24.88	−27.49	−27.27	−26.67	−23.73	−26.81	−25.46	−26.70
TTP	x	−10.95	−12.55	−10.17	−11.90	−10.38	−11.80	−13.88	−11.88	−10.85	−11.92
	y	14.38	19.79	15.21	17.08	18.48	14.98	16.32	14.18	16.63	16.34
TFDL	x	−13.50	−16.36	−12.85	−14.61	−14.26	−14.47	−16.80	−15.15	−14.15	−14.97
	y	16.18	20.04	16.48	17.17	19.58	13.95	17.96	14.16	16.45	16.70
TFHL	x	−19.52	−23.62	−18.85	−23.72	−22.30	−16.53	−21.51	−22.45	−19.04	−20.61
	y	1.28	0.26	3.01	−0.83	4.08	0.00	0.25	0.15	3.74	1.58
AT	x	−37.51	−39.10	−36.95	−39.51	−39.48	−38.80	−40.89	−41.79	−40.59	−39.54
	y	0	0	0	0	0	0	0	0	0	0

曲线路径，建立相应的肌肉线模型。直线路径通过肌肉起止点的直线来描述关节自由度少、加载肌肉数目少及肌肉形态特征单一的肌肉，设置代止点的折线路径在直线模型基础上增加了一些位置的约束，例如肌腱支持带改变肌腱的运动方向，有效地发挥肌腱的生物力学性能；人体结构和形态复杂，基于肌肉力的传递通过肌肉截面质心，通过设置不同位置障碍物的曲线路径，模拟肌肉复杂结构和形态。根据 MRI 图像测量统计了足踝外在肌肉肌腱在小腿最小围线处的分布点，其平均位置点如图 3-22 所示。本部分内容主要研究足踝部位的受力情况，因此，在分析足踝外在肌肉路径时，以足踝外在肌肉在小腿最小围线处的分布点为起点，根据人体解剖学，且在足踝外科医生的指导下，结合分层 MRI 图像、足踝肌肉肌腱支持带的位置以及相关文献对肌肉的代止点和止点的定义，在肌肉路径上进行特征点标记，通过 NURBS 曲线插值技术，如图 3-23 所示，建立足踝部位外在肌肉肌腱的线模型。

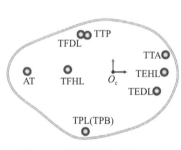

图 3-22　足踝部位肌肉肌腱分布

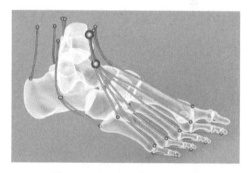

图 3-23　足踝部位肌肉肌腱线模型

3.5　足踝数字化模型

足踝系统包括骨骼、韧带、肌肉肌腱及筋膜、腱鞘、关节囊、脂肪层和表皮组织等，本书主要针对足踝损伤，因此构建以外部形态、骨骼、肌肉肌腱和部分韧带为主要要素的数字化模型，为足踝护具产品设计研究提供参考。在足踝损伤中，腓侧副韧带容易拉伤，特别是距腓前韧带，依据解剖学结构，选择韧带起止点的中心，模拟踝关节胫、腓侧副韧带，每条韧带的具体位置结合 MRI 图像，在足踝外科医生的辅助下进行确定（图 2-2），足踝数字化模型如图 3-24 所示。

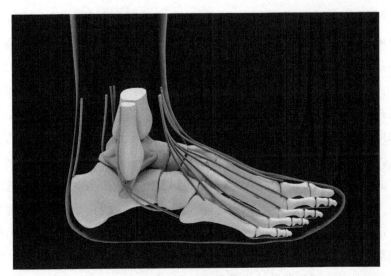

图 3-24　足踝系统模型

第 4 章
踝外部区域变化特征
与形态分类

第 3 章测量统计了足踝相关的特征尺寸，由于个体之间的特征尺寸存在较大差异，其对相关穿戴设备的尺寸设计影响较大，同时由于踝关节的背伸、跖屈、内翻及外翻等运动，这些尺寸可能产生变化，并且踝外部形态改变，其主要变化发生在胫前和跟腱部位，皮肤形成收缩与扩张，多数可穿戴设备与变化的踝皮肤表面接触，设计过程也应充分考虑这一特征。基于此，本章分析了足踝不同位姿的尺寸及皮肤表面积，探讨踝部形态变化特征，通过对特征点位置的统一化处理，基于关键特征尺寸对踝区域形态分类，以满足相关产品设计在尺寸以及形态等方面的匹配。

4.1 踝外部区域动态尺寸分析及形态变化特征

4.1.1 足踝动态尺寸

当踝关节背伸时，胫腓两骨稍分开，以容纳较宽的距骨体前部，下胫腓韧带相应紧张，此时踝关节相对稳定，内外踝突出点之间的距离尺寸 P_3P_4 发生 $0.8 \sim 2.3\text{mm}$ 的变化；当踝关节跖屈时，距骨体较宽部分滑出踝穴，胫腓骨互相接近。

人体在行走过程中，踝关节背伸时支撑的人体重心向前倾斜，由于受力变化足弓变形，P_1P_2 尺寸稍有伸长，围线 GP_1P_2 存在尺寸变化。本书为了获取 P_1 和 P_2 特征点，且采集数据方便，足弓处于一定受力支撑状态，足部尽量保持基本形态不变。背伸和跖屈过程中，小腿部肌肉扩张与收缩，P_5P_6 及围线 GP_5P_6 尺寸有微小变化，其变化部分主要在小腿后侧，即由腿部最小围胫侧点 P_9、腓侧

点 P_{10} 和腿部最小围后点 P_6 构成的曲线。便于比较，三种状态的足部和最小腿围线旋转至水平面上，移动围线 GP_1P_2 以 P_2 点对齐，围线 GP_5P_6 以 P_5 点对齐，图4-1所示为足踝在背伸15°、中立位和跖屈40°三种状态的形态曲线变化。由于背伸和跖屈常伴随内翻和外翻运动，因此以上尺寸变化也存在于内翻和外翻运动中。

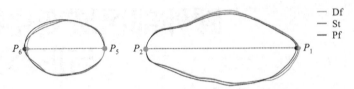

图4-1 背伸15°、中立位和跖屈40°的围线变化

踝关节伸屈运动中，三种状态的纵向特征曲线 P_1P_5 和 P_2P_6 见图4-2。曲线 P_1P_5 从背伸15°的长度（平均值82.4mm）到跖屈40°的长度（平均值132.0mm）伸长增加60%左右；曲线 P_2P_6 从跖屈40°的长度（平均值52.6mm）到背伸15°的长度（平均值100.8mm）伸长几乎增加一倍。

内翻和外翻也具有较大的角度变化，三种状态的踝形态区域的特征曲线 P_9P_{11} 和 $P_{10}P_{12}$ 如图4-3所示。由于踝关节的结构和形态特征，相对于伸屈运动相应的特征曲线，P_9P_{11} 和 $P_{10}P_{12}$ 尺寸相对变化较小，内翻20°到外翻15°内侧特征线 P_9P_{11} 的平均尺寸由86.9mm变化到70.4mm，外侧特征线 $P_{10}P_{12}$ 平均尺寸由70.1mm变化到84.6mm。

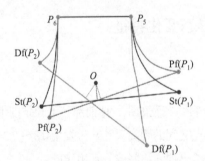

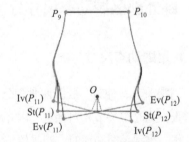

图4-2 背伸15°、中立位和跖屈40°
的特征线变化

图4-3 内翻20°、中立位和外翻15°
的特征线变化

4.1.2 踝表面形态变化特征

（1）伸屈和内外翻运动下的踝外部形态变化

很多研究将踝关节运动视为单轴运动，即沿横轴的旋转运动，横轴为胫骨

下端点和腓骨下端点的连线构成，横轴和各标准面之间存在一定的夹角，踝关节沿横轴运动主要表现为背伸和跖屈运动，踝外部区域形态随足踝关节角度的改变而变化，在背伸和跖屈过程中，踝外部形态变化区域主要表现在胫骨下端点和腓骨下端点分别与足、踝、小腿之间分界特征点构成的区域，如图4-4所示，P_7为胫骨下端点，P_8为腓骨下端点，足踝沿P_7P_8旋转过程中，区域$P_7P_1P_5$、$P_8P_1P_5$、$P_7P_2P_6$和$P_8P_2P_6$产生收缩或扩张。

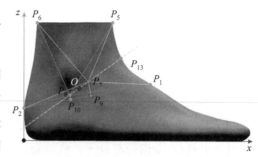

图4-4 伸屈运动的踝外部形态变化

足在内翻与外翻运动中，踝外部形态变化区域与伸屈运动的变化区域近似，区域$P_7P_1P_5$、$P_8P_1P_5$、$P_7P_2P_6$和$P_8P_2P_6$产生收缩或扩张。同时，由于胫骨下端点P_7和腓骨下端点P_8相对固定，足沿斜行纵轴旋转，点P_{11}相对于P_7以及P_{12}相对于P_8产生位置变化。因此，区域$P_7P_1P_2$和$P_8P_1P_2$也发生形态变化。

（2）皮肤表面面积

便于后期相关产品设计研究，通过分析$P_1P_5P_7P_9$、$P_1P_5P_8P_{10}$、$P_2P_6P_7P_9$和$P_2P_6P_8P_{10}$四个区域在背伸、跖屈、内翻和外翻等不同位姿状态时的表面面积及变化，描述踝区域形态曲面变化特征。

区域$P_1P_5P_7P_9$在背伸时处于收缩状态，在跖屈时处于扩张状态，背伸状态时的面积（2324mm^2）和跖屈状态时的面积（3671mm^2）与中立位的面积（2678mm^2）比值分别为0.87和1.37，背伸面积扩张为跖屈面积的1.58倍；在内翻时$P_1P_5P_7P_9$处于收缩状态，在外翻时处于扩张状态，内翻状态时的面积（2561mm^2）和外翻状态时的面积（3406mm^2）与中立位的面积比值分别为0.96和1.27，外翻面积扩张为内翻面积的1.33倍。

区域$P_1P_5P_8P_{10}$在伸屈运动时与区域$P_1P_5P_7P_9$相同，背伸时收缩，跖屈时扩张，背伸状态时的面积（3354mm^2）和跖屈状态时的面积（4910mm^2）与站姿的面积（3940mm^2）比值分别为0.85和1.25，背伸面积扩张为跖屈面积的1.46倍；区域$P_1P_5P_8P_{10}$在内翻时处于扩张状态，在外翻时处于收缩状态，内翻状态时的面积（4610mm^2）和外翻状态时的面积（3576mm^2）与中立位的面积比值分别为1.17和0.91，内翻面积扩张为外翻面积的1.29倍。

区域$P_2P_6P_7P_9$在背伸时处于扩张状态，在跖屈时处于收缩状态，背伸状态时的面积（4071mm²）和跖屈状态时的面积（2606mm²）与中立位的面积（3948mm²）比值分别为 1.03 和 0.66，跖屈面积扩张为背伸面积的 1.56 倍；在内翻时 $P_2P_6P_7P_9$ 处于收缩状态，在外翻时处于扩张状态，内翻状态时的面积（3396mm²）和外翻状态时的面积（4051mm²）与中立位的面积比值分别为 0.86 和 1.03，外翻面积扩张为内翻面积的 1.19 倍。

区域 $P_2P_6P_8P_{10}$ 在伸屈运动时与区域 $P_2P_6P_7P_9$ 相同，背伸时扩张，跖屈时收缩，背伸状态时的面积（3050mm²）和跖屈状态时的面积（2188mm²）与站姿的面积（2852mm²）比值分别为 1.23 和 0.77，背伸面积扩张为跖屈面积的 1.60 倍；区域 $P_2P_6P_8P_{10}$ 在内翻时处于扩张状态，在外翻时处于收缩状态，内翻状态时的面积（2981mm²）和外翻状态时的面积（2358mm²）与中立位的面积比值分别为 1.05 和 0.83，内翻面积扩张为外翻面积的 1.26 倍。四个区域在背伸 15°、跖屈 40°、内翻 20° 和外翻 15° 的皮肤表面面积及整体表面积见表 4-1。

（3）踝区域形态皮肤表面变化特征

① 伸屈运动时踝前后形态变化差异　区域 $P_1P_5P_7P_9$+$P_1P_5P_8P_{10}$ 为踝前侧变化区域，区域 $P_2P_6P_7P_9$+$P_2P_6P_8P_{10}$ 为踝后侧变化区域，从区域面积变化比值可以看出，踝关节在伸屈运动时，踝前侧变化区域和踝后侧变化区域分别具有较大面积的收缩与扩张变化比例。

② 伸屈运动时踝左右曲面形态不对称但面积等量　中立位、背伸和跖屈状态时，区域 $P_1P_5P_7P_9$+$P_2P_6P_7P_9$+$P_5P_6P_7$ 为踝内侧部分，其面积分别为 10035mm²、9782mm² 和 9662mm²，区域 $P_1P_5P_8P_{10}$+$P_2P_6P_8P_{10}$+$P_5P_6P_8$ 为踝外侧部分，其面积分别为 10005mm²、10046mm² 和 10285mm²。由于人体的单足和小腿以及踝、内外突出点都非对称，因此，踝形态非对称，但是三种状态的踝内侧区域和外侧区域面积大小相近。

③ 踝各个运动过程曲面变形但皮肤总面积维持不变　整体踝部形态背伸状态时的面积（19828mm²）和跖屈状态时的面积（19947mm²）与中立位面积（20040mm²）比值分别为 0.99 和 1.00，从背伸到跖屈的面积变化比值为 0.99。踝整体面积大小基本维持不变，也就是说，踝前侧区域和踝后侧区域在伸屈运动的过程中，其皮肤表面变形的面积收缩量与扩张量几乎相同，内翻和外翻存在同样的特征。

足踝形态变化对护具设计影响较大，对于变化较大的区域考虑采用柔性或弹性材料制作，而变化区域较小的地方则可以考虑采用刚性材料。

表 4-1　四个变化区域及整体表面面积　　　　　　　单位：mm²

项目	$P_1P_5P_7P_9$	$P_1P_5P_8P_{10}$	$P_2P_6P_7P_9$	$P_2P_6P_8P_{10}$	踝形态整体表面
中立位	2678	3940	3948	2852	20040
背伸15°	2324	3354	4071	3505	19828
跖屈40°	3671	4910	2606	2188	19947
内翻20°	2561	4610	3396	2981	19765
外翻15°	3406	3576	4051	2358	19753

4.2 特征点的统一化处理

由于踝关节运动角度及踝外部表面变化，划分踝形态类型需要对关键特征点按照统一标准进行处理。统一处理主要是指数据各坐标值的平移和旋转，平移是将原来的点集三维坐标统一加减数据后形成新的坐标数据，旋转将原来的点集三维坐标乘以某正交单位矩阵后形成新的坐标数据，平移和旋转用矩阵表达为：

$$C_r = C_o T_{x,y,z} R_x R_y R_z \qquad (4\text{-}1)$$

式中，C_r 是平移和旋转后的三维数据；C_o 是原三维数据；$T_{x,y,z}$ 表示平移矩阵，原三维数据分别在 x、y 和 z 坐标轴的偏移量为 d_x、d_y 和 d_z；矩阵 R_x、R_y 和 R_z 表示原三维绕各坐标轴的旋转，旋转角度分别为 a、b 和 c。

$$T_{x,y,z} = \begin{bmatrix} 1 & 0 & 0 & 0 \\ 0 & 1 & 0 & 0 \\ 0 & 0 & 1 & 0 \\ d_x & d_y & d_z & 1 \end{bmatrix} \qquad (4\text{-}2)$$

$$R_x = \begin{bmatrix} 1 & 0 & 0 & 0 \\ 0 & \cos a & \sin a & 0 \\ 0 & -\sin a & \cos a & 0 \\ 0 & 0 & 0 & 1 \end{bmatrix} \qquad (4\text{-}3)$$

$$R_y = \begin{bmatrix} \cos b & 0 & -\sin b & 0 \\ 0 & 1 & 0 & 0 \\ \sin b & 0 & \cos b & 0 \\ 0 & 0 & 0 & 1 \end{bmatrix} \qquad (4\text{-}4)$$

$$R_z = \begin{bmatrix} \cos c & \sin c & 0 & 0 \\ -\sin c & \cos c & 0 & 0 \\ 0 & 0 & 1 & 0 \\ 0 & 0 & 0 & 1 \end{bmatrix} \tag{4-5}$$

通过上述坐标变换，以点 O_m 对齐所有三维模型数据，由于足沿 O 点做旋转运动，因此以 O 点为旋转中心，使得特征点 P_1 和 P_5 在以 O_m 为原点的 x'-z' 坐标系中具有相同的 z' 坐标值，以此为标准，踝形态关键特征点统一化，306 个样本的 P_1、P_2、P_3、P_4、P_5 和 P_6 对应的 x'-z' 坐标分布见图 4-5。

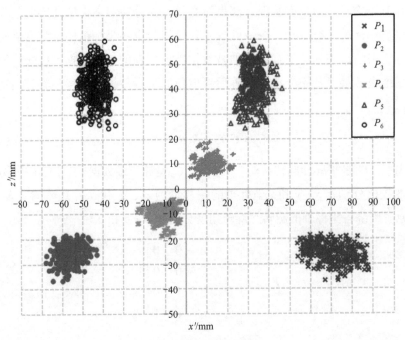

图 4-5　特征点的分布

4.3　基于特征尺寸的踝外部区域形态分类

与足踝相关的产品设计，为了满足用户的舒适性需求，尽量做到产品与踝形态及尺寸的匹配，因此结合踝特征尺寸的形态分类非常关键。由于特征尺寸较多，不可能把每个特征作为一类，因此，根据特征尺寸的相关性，把具有强线性相关的尺寸作为一类，划分其尺寸范围，以此为基础进行踝形态分类。

4.3.1 特征尺寸相关性与类型划分

（1）主要特征尺寸的皮尔森（Pearson）相关性检验

相关性检验是考察两个事物，即两个变量之间的相关程度，通过相关系数判断两者之间相关性的强弱，相关系数绝对值越大，相关性越强，越接近于1，正相关性越强，越接近于-1，负相关性越强，越接近于0，相关性越弱。皮尔森（Pearson）相关性检验是一种检验直线相关的方法，由英国统计学家皮尔森提出并命名，假设两个变量分别为 X 和 Y，这两个变量之间的皮尔森相关系数 $\rho_{X,Y}$ 可通过下列公式计算：

$$\rho_{X,Y} = \frac{\Sigma(X - \bar{X})(Y - \bar{Y})}{\sqrt{\Sigma(X - \bar{X})^2 \Sigma(Y - \bar{Y})^2}} \tag{4-6}$$

利用皮尔森相关性检验方法对能够表征踝外部形态主要特征的尺寸进行两两检测，结果是 P_1P_2、$P_{11}P_{12}$ 及 GP_1P_2 两两之间强相关（$\rho > 0.90$），也就是说，小腿最小围处，其围长和两个方向的直径尺寸之间具有强相关性，同样，P_5P_6、P_9P_{10} 及 GP_5P_6 两两之间也强相关（$\rho > 0.90$）。点 P_3 和 P_4 是踝形态突出的两点，应作为特征进行分类，但是实际检验 P_3P_4 和 P_1P_2（$\rho=0.494$），P_3P_4 和 P_5P_6（$\rho=0.452$）之间具有一定的线性相关性。

（2）基于主要特征尺寸的踝外部区域形态分类

从特征尺寸统计和整体形态来看，踝部的形态上小下大，即小腿最小围尺寸和足部围长差异较大，在多数相关产品设计中，首先考虑这两个尺寸作为参数，同时，在另外的方向上考虑纵向尺寸，即高度和横向尺寸，即内外踝突出点之间的距离。基于特征尺寸之间的相关性分析，以代表踝部形态的高度 O_cO_f、足部的尺寸 P_1P_2 和腿部尺寸 P_5P_6 三个特征尺寸来分类，P_3 和 P_4 突出的两个点及 P_3P_4 尺寸的分布情况可以通过 O_m 的相对位置来讨论。

本书按踝高度 O_cO_f 划分为 I、II 和 III 三个型号：48.9mm ≤ I ≤ 61.1mm、61.1mm < II ≤ 73.3mm 和 73.3mm < III ≤ 85.6mm，代表踝高度大、中、小类型。按照 P_1P_2 长划分为 S、M 和 L 型：尺寸大小划分的三种型号代表足部小、中、大。按照 P_5P_6 划分为 ①、② 和 ③ 型：65.7mm ≤ ① ≤ 75.6mm、75.6mm < ② ≤ 85.5mm 和 85.5mm < ③ ≤ 95.4mm，代表以小腿最小围部尺寸大小划分的三种型号，这样一来踝形态就具体被划分为 27 个类型，且包含所有的样本。

为了更加直观显示分类形态，所有点被转化到以 P_2 为原点（0,0,0）的坐标系下，P_2P_1 方向为 x'' 轴，则确定点 P_6 的分布边界位置，P_1、P_5 等其他特征点的位置也就确定，从而可以获得三组尺寸 27 个具体类型的分类形态，结合特征尺寸统计数据，获得实际样本的分布概率，从而确定具体存在的类型。可以通过以下步骤和方法完成。

首先，确定 P_6 点在类型Ⅰ、Ⅱ和Ⅲ分布的边界位置。点 P_6 在以 P_2 为原点的 x''-z'' 坐标系中的分布，见图 4-6，在 z'' 轴上取点 H_1（0，61.1）、H_2（0，73.3）和 H_3（0，85.6），并分别作水平线 h_1、h_2 和 h_3，连接点 P_2 到所有的点 P_6，寻找与 z'' 轴夹角最小的 P_2P_6，延长 P_2P_6 与 h_1、h_2 和 h_3 分别交于点 F_1、F_2 和 F_3，则 P_2F_1、P_2F_2 和 P_2F_3 为边界位置。

其次，确定其他特征点的位置和对应特征尺寸的范围。P_1 点按照 P_1P_2 的三个范围上限分别取点 W_1、W_2 和 W_3，则 P_2W_1=117.1mm，P_2W_2=129.7mm，P_2W_3=142.3mm；P_5 点按照高度类型分布在 h_1、h_2 和 h_3 上，同时按照 P_5P_6 长度类型的三个取值范围总共对应 9 个极限位置点。在 h_1 上取点 E_1、E_2、E_3，在 h_2 上取点 E_4、E_5 和 E_6，在 h_3 上取点 E_7、E_8 和 E_9，则 F_1E_1、F_1E_2 和 F_1E_3 长度分别为 75.6mm，F_2E_4、F_2E_5 和 F_2E_6 长度分别为 85.5mm，F_3E_7、F_3E_8 和 F_3E_9 长度分别为 95.4mm，如图 4-7 所示 27 个类型的分类形态。

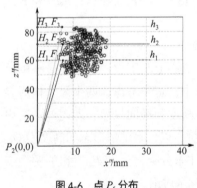

图 4-6　点 P_6 分布

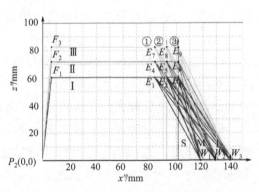

图 4-7　27 个类型的分类形态

最后，统计样本类型的分布情况。将扫描获得的 306 组数据对应到 27 种类型中，观察每种类型的分布情况，实际并非所有类型都存在，如表 4-2 所示，经进一步的统计分析，实际存在 17 种类型。从实际存在的类型可以看出，在 S 类型中，没有对应的类型Ⅲ和类型③，即不存在足部围线尺寸很小而踝高度尺寸和腿部围线尺寸很大的类型，说明足部围线尺寸小，踝高度尺寸和腿部围线尺寸不会太大；在 L 类型中，足部围线尺寸大的可能存在各种腿部尺寸类型和各种踝高度类型；类型③中只有Ⅰ（L）∪③、Ⅱ（L）∪③和Ⅲ（L）∪③存在，说明腿部围线尺寸大的，足部围线尺寸一定大；而类型①中，腿部尺寸小的，可能存在各种足部尺寸类型和各种踝高度类型。以Ⅰ（S）∪①和Ⅰ（S）∪②为代表的矮小型占16.67%，主要是女性；以Ⅲ（L）∪②和Ⅲ（L）∪③为代表的高大型占14.70%，主要是男性。

表4-2　踝区域形态类型分布

Ⅰ（S）∪①		Ⅱ（S）∪①		Ⅲ（S）∪①	
男0 女31 概率10.13%		男2 女8 概率3.27%		NO	——
Ⅰ（S）∪②		Ⅱ（S）∪②		Ⅲ（S）∪②	
男0 女20 概率6.54%		男0 女5 概率1.63%		NO	
Ⅰ（S）∪③		Ⅱ（S）∪③		Ⅲ（S）∪③	
NO	——	NO		NO	
Ⅰ（M）∪①		Ⅱ（M）∪①		Ⅲ（M）∪①	
男0 女14 概率4.58%		男5 女34 概率12.75%		男22 女2 概率7.84%	
Ⅰ（M）∪②		Ⅱ（M）∪②		Ⅲ（M）∪②	
男0 女10 概率3.27%		男9 女11 概率6.54%		男9 女0 概率2.94%	
Ⅰ（M）∪③		Ⅱ（M）∪③		Ⅲ（M）∪③	
NO	——	NO	——	NO	——
Ⅰ（L）∪①		Ⅱ（L）∪①		Ⅲ（L）∪①	
NO	——	男0 女2 概率0.65%		男25 女6 概率10.13%	
Ⅰ（L）∪②		Ⅱ（L）∪②		Ⅲ（L）∪②	
NO	——	男25 女3 概率9.15%		男36 女0 概率11.76%	
Ⅰ（L）∪③		Ⅱ（L）∪③		Ⅲ（L）∪③	
男6 女0 概率1.96%		男9 女3 概率3.92%		男9 女0 概率2.94%	

4.3.2 内外踝突出点的位置及距离尺寸

在以 P_2 点为坐标原点的坐标系中，点 O_m 的 z'' 坐标在按照 O_eO_f 高度所划分的类型 Ⅰ、Ⅱ 和 Ⅲ 中的分布情况分别为 18.3~24.4mm、23.7~30.5mm 和 28.0~36.8mm；点 O_m 的 x'' 坐标尺寸对应 P_1P_2 长度所划分的类型 S、M 和 L，分别分布于 42.8~51.1mm、48.6~62.2mm 和 56.3~67.7mm。O_m 点的边界位置和 P_5 点分布类似，对应 9 个点 O_{m1}~O_{m9}，分别为 O_{m1}（51.1，0，24.4）、O_{m2}（62.2，0，24.4）、O_{m3}（67.7，0，24.4）、O_{m4}（51.1，0，30.5）、O_{m5}（62.2，0，30.5）、O_{m6}（67.7，0，30.5）、O_{m7}（51.1，0，36.8）、O_{m8}（62.2，0，36.8）和 O_{m9}（67.7，0，36.8），如图 4-8 所示。由于尺寸差异较小，假设点 O_m 为内外踝突出点 P_3 和 P_4 的中点，并且由于 P_3P_4x 和 P_3P_4z 相对差异较小，在这里求其平均值：P_3P_4x 的均值为 11.3mm，P_3P_4z 的均值为 10.1mm，通过计算，则点 P_3、P_4 的 x'' 和 z'' 坐标就可以通过点 O_m 的位置来判断。

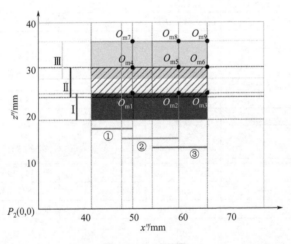

图 4-8 O_m 点位置

对应于上述 17 个类型中的 P_3P_4 尺寸的分布见表 4-3，在每个具体的类型中，P_3P_4 尺寸分布跨度较大，但从整体分布来看，在以 P_1P_2 划分的同类型中，对应的 P_5P_6 尺寸越大，整体的 P_3P_4 尺寸均值越大，例如 Ⅰ（S）∪① 的均值为 63.4mm，而 Ⅰ（S）∪② 的均值为 65.9mm。同样，在以 P_5P_6 划分的同类型中，对应的 P_1P_2 尺寸越大，整体的 P_3P_4 尺寸均值越大，例如 Ⅰ（S）∪② 的均值为 65.9mm，而 Ⅰ（M）∪② 的均值为 69.2mm，也就是说，P_3P_4 尺寸同时受 P_1P_2 和 P_5P_6 影响，随 P_1P_2 和 P_5P_6 尺寸的增加而增大。

表 4-3　不同类型的 P_3P_4 尺寸　　　　　　　　　　　　　　单位：mm

类型	最小值	最大值	均值	类型	最小值	最大值	均值	类型	最小值	最大值	均值
Ⅰ(S)∪①	57.5	69.6	63.4	Ⅱ(S)∪①	60.6	70.0	67.1	Ⅲ(S)∪①	—	—	—
Ⅰ(S)∪②	62.2	70.6	65.9	Ⅱ(S)∪②	68.5	73.2	70.8	Ⅲ(S)∪②	—	—	—
Ⅰ(S)∪③	—	—	—	Ⅱ(S)∪③	—	—	—	Ⅲ(S)∪③	—	—	—
Ⅰ(M)∪①	63.4	71.6	66.9	Ⅱ(M)∪①	63.6	73.7	67.4	Ⅲ(M)∪①	67.8	78.8	70.7
Ⅰ(M)∪②	66.6	71.3	69.2	Ⅱ(M)∪②	64.5	76.1	70.4	Ⅲ(M)∪②	71.5	75.6	73.7
Ⅰ(M)∪③	—	—	—	Ⅱ(M)∪③	—	—	—	Ⅲ(M)∪③	—	—	—
Ⅰ(L)∪①	—	—	—	Ⅱ(L)∪①	66.6	66.6	66.6	Ⅲ(L)∪①	65.7	75.6	71.5
Ⅰ(L)∪②	—	—	—	Ⅱ(L)∪②	70.0	77.7	73.4	Ⅲ(L)∪②	70.8	77.1	73.6
Ⅰ(L)∪③	69.5	81.7	75.6	Ⅱ(L)∪③	73.9	82.5	78.1	Ⅲ(L)∪③	74.0	77.2	75.8

4.3.3 踝形态最小临近再聚类方法

在实际相关产品设计应用及生产过程中，对踝形态差异的要求程度不同，因此可根据具体要求，减少踝形态类型。通过最小临近距离再聚类的方法减少已有类型的数量，再聚类的原则是将实际存在的小概率分布类型合并或者划分到其他的类型中，在这里以 5% 为阈值，具体聚类方法和过程如下。

① 对所有样本编号 No.1~No.306，计算 17 种类型实际所包含样本的 P_1P_2、P_5P_6 和 O_eO_f 均值及这三个均值的代数和，如表 4-4 所示。

表 4-4　不同类型的特征尺寸均值及代数和　　　　　　　　单位：mm

类型	O_eO_f	P_1P_2	P_5P_6	SUM	类型	O_eO_f	P_1P_2	P_5P_6	SUM	类型	O_eO_f	P_1P_2	P_5P_6	SUM
Ⅰ(S)∪①	56.5	112.4	71.7	240.6	Ⅱ(S)∪①	66.2	112.9	72.7	251.8	Ⅲ(S)∪①	—	—	—	—
Ⅰ(S)∪②	54.3	113.8	77.9	246.0	Ⅱ(S)∪②	64.4	116.6	78.4	259.4	Ⅲ(S)∪②	—	—	—	—
Ⅰ(S)∪③	—	—	—	—	Ⅱ(S)∪③	—	—	—	—	Ⅲ(S)∪③	—	—	—	—
Ⅰ(M)∪①	58.8	121.9	72.0	252.7	Ⅱ(M)∪①	65.9	122.2	73.2	261.3	Ⅲ(M)∪①	77.6	123.3	71.8	272.6
Ⅰ(M)∪②	55.6	123.1	79.3	258.0	Ⅱ(M)∪②	66.3	124.9	79.6	270.7	Ⅲ(M)∪②	74.9	126.9	77.6	279.4
Ⅰ(M)∪③	—	—	—	—	Ⅱ(M)∪③	—	—	—	—	Ⅲ(M)∪③	—	—	—	—
Ⅰ(L)∪①	—	—	—	—	Ⅱ(L)∪①	61.0	129.2	74.6	264.8	Ⅲ(L)∪①	78.1	134.2	73.9	286.2
Ⅰ(L)∪②	—	—	—	—	Ⅱ(L)∪②	68.7	132.8	81.2	282.7	Ⅲ(L)∪②	78.5	135.1	78.6	292.1
Ⅰ(L)∪③	56.6	132.6	91.6	280.8	Ⅱ(L)∪③	68.5	135.0	87.8	291.4	Ⅲ(L)∪③	73.0	129.5	87.5	289.9

② 选出样本分布概率在 5% 以下的类型，即Ⅱ（S）∪①（3.27%）、Ⅱ（S）∪②（1.63%）、Ⅰ（M）∪①（4.58%）、Ⅰ（M）∪②（3.27%）、Ⅲ（M）∪②（3.27%）、Ⅱ（L）∪①（0.65%）、Ⅰ（L）∪③（1.96%）、Ⅱ（L）∪③（3.92%）和Ⅲ（L）∪③（2.94%），确定其相邻类型，例如Ⅱ（S）∪②相邻的类型，排除其中不存在的类型Ⅱ（S）∪③和Ⅲ（S）∪②，主要包括：Ⅰ（S）∪②、Ⅱ（S）∪①、Ⅱ（S）∪③、Ⅱ（M）∪②和Ⅲ（S）∪②。

③ 计算概率 5% 以下的类型中每个样本的 P_1P_2、P_5P_6 和 O_cO_f 尺寸和与相邻类型均值代数和的绝对差值，将相应样本分配到绝对差值最小的类型中。如果原来概率 5% 以下的类型被分配其他样本进入，其概率超出 5%，则优先形成新的类型，如果没有形成新的类型，则该类型被分配到其他类型中。

④ 确定新的类型。经过再聚类之后，最终形成 10 个新的类型，表 4-5 显示了新生成的类型概率分布。

表 4-5　新类型的分布概率

类型	男，女，概率	类型	男，女，概率	类型	男，女，概率
Ⅰ（S）∪①*	0, 37, 12.09%	Ⅱ（S）∪①	—	Ⅲ（S）∪①	—
Ⅰ（S）∪②*	0, 25, 8.17%	Ⅱ（S）∪②	—	Ⅲ（S）∪②	—
Ⅰ（S）∪③	—	Ⅱ（S）∪③	—	Ⅲ（S）∪③	—
Ⅰ（M）∪①*	0, 20, 6.54%	Ⅱ（M）∪①	7, 36, 14.05%	Ⅲ（M）∪①*	28, 2, 9.80%
Ⅰ（M）∪②	—	Ⅱ（M）∪②*	9, 15, 7.84%	Ⅲ（M）∪②	—
Ⅰ（M）∪③	—	Ⅱ（M）∪③	—	Ⅲ（M）∪③	—
Ⅰ（L）∪①	—	Ⅱ（L）∪①	—	Ⅲ（L）∪①*	28, 8, 11.76%
Ⅰ（L）∪②	—	Ⅱ（L）∪②*	25, 3, 9.15%	Ⅲ（L）∪②*	41, 0, 13.40%
Ⅰ（L）∪③	—	Ⅱ（L）∪③*	19, 3, 7.19%	Ⅲ（L）∪③	—

注：* 表示新的类型。下同。

对于 P_3、P_4 的位置及尺寸分布，可按照上节中的方法重新划分。按照这种方法，依次类推，可以不断减少类型数量，但是同类型之间的形态尺寸差距也将会越来越大。最终 10 个新类型的主要特征尺寸均值统计见表 4-6。

表 4-6　踝形态新类型主要特征尺寸均值　　　　　　　　　　单位：mm

类型	P_1P_2	P_3P_4	P_5P_6	O_cO_f	类型	P_1P_2	P_3P_4	P_5P_6	O_cO_f	类型	P_1P_2	P_3P_4	P_5P_6	O_cO_f
Ⅰ（S）∪①*	112.4	63.2	71.6	57.7	Ⅱ（S）∪①	—	—	—	—	Ⅲ（S）∪①	—	—	—	—
Ⅰ（S）∪②*	114.2	66.3	77.3	56.7	Ⅱ（S）∪②	—	—	—	—	Ⅲ（S）∪②	—	—	—	—
Ⅰ（S）∪③	—	—	—	—	Ⅱ（S）∪③	—	—	—	—	Ⅲ（S）∪③	—	—	—	—
Ⅰ（M）∪①*	122.1	68.1	74.4	57.8	Ⅱ（M）∪①*	121.7	67.7	73.4	66.3	Ⅲ（M）∪①*	125.1	71.4	72.9	77.3

类型	P_1P_2	P_3P_4	P_5P_6	O_cO_f	类型	P_1P_2	P_3P_4	P_5P_6	O_cO_f	类型	P_1P_2	P_3P_4	P_5P_6	O_cO_f
I（M）∪②	—	—	—	—	II（M）∪②*	124.2	70.7	79.8	66.0	III（M）∪②	—	—	—	—
I（M）∪③	—	—	—	—	II（M）∪③	—	—	—	—	III（M）∪③	—	—	—	—
I（L）∪①	—	—	—	—	II（L）∪①	—	—	—	—	III（L）∪①*	134.2	71.5	73.9	78.1
I（L）∪②	—	—	—	—	II（L）∪②*	132.8	73.4	81.2	68.7	III（L）∪②*	135.0	73.8	79.5	78.1
I（L）∪③	—	—	—	—	II（L）∪③*	133.5	77.3	88.8	65.8	III（L）∪③	—	—	—	—

采用如上所述的方法，按照性别分类，则男性和女性可分别分为 6 个类型，如表 4-7 所示，同样可获得男女性别不同类型的各主要特征尺寸均值。

表 4-7　男性和女性踝形态类型

性别	类型					
女性	I（S）∪①*	I（S）∪②*	I（M）∪①*	II（M）∪①*	II（M）∪②*	III（L）∪①*
男性	II（M）∪②*	II（L）∪②*	II（L）∪③*	III（M）∪①*	III（L）∪①*	III（L）∪②*

第 5 章
足踝关节运动仿真与
力学分析

　　足踝护具设计不能影响足踝的运动，但是通过限制关节角度可以起到保护作用。距上关节（踝关节）和距下关节（主要为距跟舟关节）的角度变化产生足踝的背伸、跖屈、内翻及外翻等主要运动，分析其运动规律，有助于护具设计在运动中的表现。本章提出踝关节的运动受距骨形态约束，其轨迹线可以通过球面等角螺旋线来描述，基于此建立足踝关节运动学模型，采用动作捕捉技术验证了该运动模型的有效性。在足踝运动中，足外在肌力控制和调节足踝关节角度及运动状态，结合第 3 章的足外在肌腱分布尺寸，建立足踝简单受力模型，分析避免足踝损伤的力学状态，从而为足踝护具设计提供理论依据。

5.1 距骨形态与足踝关节运动学理论分析

5.1.1 距骨形态与足踝关节运动

　　通过解剖学及相关尺寸测量，距骨滑车呈螺旋状，其关节面前部宽而后部较窄，滑车面的内外侧形成两条螺旋线，距骨滑车贴合踝穴内关节面运动，因此，形成相应的螺旋运动。足跖屈的同时，距骨向内侧旋转，背伸同时向外侧旋转，如图 5-1 所示为右足距骨，距骨滑车面内侧的形态曲线记为 HL_1，距骨滑车外侧的形态曲线记为 HL_2。为便于理解，通过距骨滑车面上的点 O_t 来描述说明其运动轨迹，O_t 为足背伸最大位置状态下，在踝穴内与胫骨下端关节面接触的质心，即距骨滑车面最大宽度处的中间位置点，当滑车前端的宽面进入关节窝时，处于比较稳定的状态。跖屈过程中，O_t 远离踝穴，距骨紧密贴合内踝关节面运动时，O_t 运动至 O'_t，其运动轨迹线为 l_1，l_1 与 HL_1 为形态相同的螺旋线；当距骨紧密贴合外踝关节面运动时，O_t 运动至 O''_t，其运动轨迹线为 l_2，l_2 与 HL_2 为形态相同的螺旋线，距屈过程 O_t 始终处于 l_1 和 l_2 之间，当距骨滑车后端的窄面进入关节窝，踝关节松弛，因此关节活动有一定自由度。

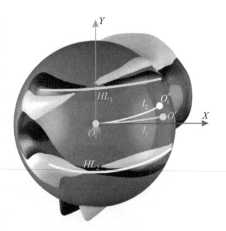

图 5-1　距骨轨迹线

在足踝关节运动过程中，距下关节运动沿其斜行纵轴的运动主要表现为足的翻转组合运动；踝关节沿距骨轴线运动主要表现为背伸和跖屈，距下关节斜行纵轴也会沿距骨轴线运动，其运动方式与点 O_t 相同。为进一步详细描述足踝关节的运动特征，在此假设轨迹线 l_1 和 l_2 为球面等角螺旋线，构建运动仿真模型。

5.1.2　运动轨迹数学模型

（1）球面等角螺旋线

球面螺旋线上一点，过该点的切线与该点所在纬度圆的平面成定角，或与过该点的子午线的切线成定角，那么这个螺旋线就是球面等角螺旋线。在柱坐标中，球面等角螺旋线的极径 ρ 为：

$$\rho = \frac{2re^{\varphi\tan\alpha}}{1+e^{2\varphi\tan\alpha}} \tag{5-1}$$

其中，r 表示球面半径；φ 表示经度角；α 表示螺旋升角。

在球坐标中，如图 5-2 所示，根据几何关系，球面等角螺旋线的纬度角 θ 与经度角 φ 之间关系可以表示为：

$$O'Q = \rho\mathrm{d}\varphi = (r\mathrm{d}\varphi)\sin\theta \tag{5-2}$$

$$QQ' = r\mathrm{d}\theta \tag{5-3}$$

$$\tan\alpha = \frac{QQ'}{O'Q} = \frac{\mathrm{d}\theta}{\sin\theta\mathrm{d}\varphi} \tag{5-4}$$

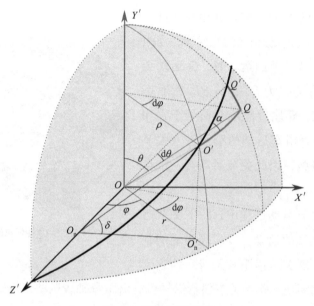

图 5-2　球面等角螺旋线

把 $\mathrm{d}\varphi$ 表示成 $\mathrm{d}\theta$ 的函数：

$$\mathrm{d}\varphi = \frac{1}{\tan\alpha} \times \frac{\mathrm{d}\theta}{\sin\theta} \tag{5-5}$$

对上式两端求不定积分，有

$$\varphi = \frac{1}{\tan\alpha} \times \ln\left(\tan\frac{\theta}{2}\right) + C \tag{5-6}$$

边界条件为：$\varphi=0$，$\theta=90°$，代入上式则 $C=0$，有

$$\varphi = \frac{1}{\tan\alpha} \times \ln\left(\tan\frac{\theta}{2}\right) \tag{5-7}$$

将 θ 表示成 φ 的函数：

$$\theta = 2\arctan(\mathrm{e}^{-\varphi\tan\alpha}) \tag{5-8}$$

式（5-8）通过建立纬度角与经度角以及螺旋升角的函数关系，描述了球面等角螺旋线上点在球面坐标系的位置。O' 为球面等角螺旋线上的一点，假设 δ 为 $O'OZ'$ 平面和 $X'OZ'$ 平面之间的角度，也就是说 OO' 在 $X'OY'$ 平面上投影线，其与 X' 轴的夹角为 δ，当 $\varphi=0$ 时，δ 可以表示为：

$$\delta = \alpha \tag{5-9}$$

当 $\varphi \neq 0$ 时，根据几何关系，有

$$\tan\delta = \frac{O'O'_n}{O_nO'_n} = \frac{\rho\cot\theta}{\rho\sin\varphi} = \frac{1}{\tan\theta \times \sin\varphi} \tag{5-10}$$

根据式（5-8）可得：

$$\tan\theta = \tan\left[2\arctan(e^{-\varphi\tan\alpha})\right] = \frac{2e^{-\varphi\tan\alpha}}{1-e^{-2\varphi\tan\alpha}} \tag{5-11}$$

把 δ 表示成 φ 的函数：

$$\delta = \arctan\frac{1-e^{-2\varphi\tan\alpha}}{2\sin\varphi \times e^{-\varphi\tan\alpha}} \tag{5-12}$$

（2）足踝运动约束

距骨滑车具有两条不同的螺旋线，距骨与踝穴在相对运动中受到这两条螺旋线的约束而在一定范围内活动，以 O 点为原点的坐标系 X'-Y'-Z'，O' 为距下关节斜行纵轴与距骨颈上面的交点，OO' 最大背伸位置为 Z' 轴，即 OO_z' 与 Z' 轴重合，则以足踝中立位建立的坐标系与 X'-Y'-Z' 坐标系之间可以相互变换。足背伸过程中，O' 运动到 O_z' 点，O_z' 为极限位置，距骨前端宽面进入关节窝内，受到关节窝约束；足跖屈过程中，O' 在两条螺旋轨迹线之间的范围活动。l_1 和 l_2 表示两条具有不同螺旋升角的球面等角螺旋线，$\Delta\alpha$ 为两条轨迹线螺旋升角之间的差值，如图 5-3 所示，假设球面上 l_1 和 l_2 之间的一条等角螺旋线 l_0，l_0 位于 l_1 和 l_2 的中间位置，表示距骨滑车面的中心线，则 l_0 的螺旋升角 α_0 为：

$$\alpha = \alpha_0 \pm \frac{\Delta\alpha}{2} \tag{5-13}$$

式中，α_0 和 $\Delta\alpha$ 取不同值时，表示踝关节运动形成不同的轨迹曲线，具体如下。

① 当 α_0=0，$\Delta\alpha$=0 时，轨迹线在矢状面上，其形状为一个圆，纬度角 θ 始终为0，经度角 φ 产生相应的角度变化，数学模型表示为足沿冠状轴做旋转运动。

② 当 $\alpha_0 \neq 0$，$\Delta\alpha$=0 时，O' 在一条螺旋线上运动，模型表述了足主要沿水平轴做旋转运动，即伸屈运动，分别在垂直轴和矢状轴上也存在一定角度的旋转运动。

③ 当 $\alpha_0 \neq 0$，$\Delta\alpha \neq 0$，O' 在两条螺旋线之间的范围内活动，模型表述了踝关节在不同方向上产生运动，但受距骨形态约束。

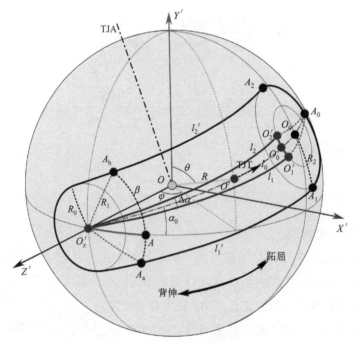

图 5-3　约束曲线

由于足踝关节内部结构特殊，足沿斜行纵轴的翻转运动角度会受到限制，因此，为约束其角度范围，在球面上设置弧长为 R_1 的杆 $O'A$，弧 R_1 对应的角度为 γ_1，$O'A$ 以 OO' 为中心旋转表示足的翻转，如图 5-3 所示背伸极限位置时的杆 $O_z'A$。由于足翻转运动角度存在范围，在球面上分别设置距离 l_1 和 l_2 两侧为 R_0 宽度的曲线 l_1' 和 l_2'，曲线 l_1' 和 l_2' 约束 $O'A$ 的旋转角度，其中弧 R_0 对应的角度为 γ_0，且要求 $R_0 < R_1$。

足跖屈最大位置约束通过以下方法实现。首先，假设 O_0' 为足在中心轨迹线上的最大跖屈位置，在 l_0 上取一点 O_0，以 O_0 为中心，作线 l_1' 和 l_2' 的公切圆，公切圆半径为 R_2，R_2 对应的角度为 γ_2，A_1 和 A_2 分别为切点，为能够有效约束 $O'A$ 绕 OO' 旋转的角度，要求 $R_2 < R_1$ 且 $R_1 - R_2 > R_2 - R_0$。然后以 O_0 为圆心，作半径大小为 $R_1 - R_2$ 的圆，与三条螺旋轨迹线分别相交于点 O_0'、O_1' 和 O_2'，连接这三点形成一个弧线，则点 O' 在伸屈方向上活动的极限位置为弧线 $O_1'O_0'O_2'$，O' 点的活动域最终在由线 l_1、l_2 和弧线 $O_1'O_0'O_2'$ 构成的封闭图形之内。

l_1 和 l_2 的起始点 O_z' 是足背伸的最大位置，以 O_z' 为中心，以 R_1 为半径作圆，分别与 l_1' 和 l_2' 相交于点 A_a 和 A_b，点 A 的活动在由 l_1'、l_2'、弧线 A_aA_b 和弧线 A_1A_2 构成的封闭图形之内，点 O' 在不同位置时，$O'A$ 的最大旋转角度 β 与 α、$\Delta\alpha$、φ、γ_0 以及 γ_1 相关：

$$\beta = f(\alpha, \Delta\alpha, \varphi, \gamma_0, \gamma_1) \qquad (5\text{-}14)$$

5.2 足踝关节运动角度仿真与动捕测量

5.2.1 足踝关节运动仿真

（1）运动仿真模型

足踝运动主要表现为背伸、跖屈、内翻、外翻、内收和外展，前面分析了足踝关节的组合运动，主要包含由距骨形态而形成的踝关节（距上关节）和距下关节的运动，因此，可以利用球销副模拟足在不同方向的旋转运动，同时重要的是约束足的活动范围，结合上述数学模型及理论分析，可构建足踝关节运动的简化模型（图 5-4）。

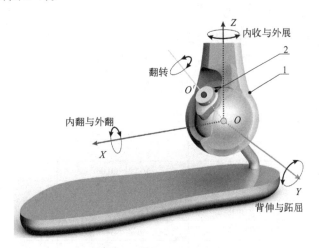

图 5-4 足踝关节简化模型

按照伸屈、翻转等活动特征，以 Solid works 软件为平台，通过构件形态和结构设计，相互之间产生约束，并参照数学模型的各项尺寸设置来控制关节具体角度变化的范围，以此构建运动仿真模型。在 X-Y-Z 坐标系中，如图 5-4 所示，构件 1 为球壳，表示踝穴，与小腿连接，其镂空部分的形状为运动约束曲线；构件 2 表示关节头，与足连接，同时能够沿自身轴 OO' 旋转，OO' 表示为距下关节斜行纵轴，构件 2 带动足部沿球心 O 在一定的角度范围内运动，沿 Y 轴的旋转表示伸屈运动，同时构件 2 带动足部沿轴线 OO' 转动，表示翻转运动，构件 2 运动过程中其受到构件 1 镂空部分的限制，两者做相对运动，足的翻转和伸屈运动复合形成沿 Z 轴的内收和外展运动。

（2）参数取值及关节运动角度

根据现有文献，总结了在足中立位 X-Y-Z 坐标系中的距下关节斜行纵轴和坐标平面夹角的取值范围：在矢状面上作距下关节斜行纵轴的投影，投影与水平面之间的夹角为 30.5° ～ 51°，平均值为 41°；在水平面上作斜行纵轴的投影，投影与矢状面之间的夹角为 1.8° ～ 34.2°，平均值为 18°，即足在中立位时，OO' 的角度已知。根据已有文献，距骨轴线与矢状面存在约 105° 的夹角，距骨滑车面中心螺旋线 l_0 的上点的切线与距骨轴垂直，则根据切线角度可以得到螺旋角 α_0 值为 15°，结合文献中距骨滑车面不同位置的宽度测量数据，可计算得出 $\Delta\alpha$ 的平均值为 10°。

参照上述实际测量的中立位各项平均值，经过坐标变换，建立 X'-Y'-Z' 坐标系，使得在最大背伸位置时距下关节斜行纵轴为 Z' 轴，为控制足绕 OO' 轴旋转的角度 β 在合理的范围内活动，这里 γ_0 和 γ_1 分别取值为 20° 和 45°，同时约束 φ 范围 0° ～ 70°，以 10° 为间距，模拟不同伸屈角度 φ 下的 θ、δ 和 β 角度数值，如表 5-1 所示，在 φ 为 55° 时有 β 最大值为 94.27°。

表 5-1　输出角度　　　　　　　　　　　　　　单位：（°）

φ	α_0=15, $\Delta\alpha$=10, γ_0=20,γ_1=45		
	θ	δ	β
0	90.00	10.00～20.00	68.68
10	86.36～88.24	10.05～20.11	73.42
20	82.74～86.48	10.21～20.43	78.33
30	79.15～84.72	10.48～20.98	83.22
40	75.60～82.96	10.87～21.78	87.34
50	72.10～81.22	11.40～22.86	92.61
（55）	70.38～80.35	11.73～23.52	94.27
60	68.67～79.48	12.10～24.27	93.80
70	65.32～77.75	13.01～26.06	17.00

在标准坐标系中，内收和外展角是足沿垂直轴的旋转，用 ω 表示其旋转的极限角度，则通过仿真模型可以进一步建立足的伸屈度与内收、外展极限角度之间的关系，为了与后面将要讨论的动捕测量一致，运动仿真模型中的测量点与实体测量点位置匹配，伸屈度 φ 与内收、外展极限角度 ω 的关系如图 5-5 所示。

（3）足踝运动特征分析

如图 5-3 所示，在足踝运动过程中距骨轴线 TJA 与 OO' 的角度始终保持不变，OO' 在起始位置与 Z' 轴重合，TJA 与 Y' 轴重合，θ 随 φ 值的变化而改变，也就是说，足伸屈过程中距下关节斜行纵轴的角度产生变化，因此距骨的运动也不是按一个固定旋转中心不变，这要根据伸屈的具体位置，结合相关的因素确定其角度。

定义点 O' 在 l_0 上时，其切线方向为足绕斜行纵轴旋转运动的起始方向，如图 5-3 所示方向切线 TJT，人体站立于水平面上，并且足底位于水平面与矢状面垂直，假设保持足不变，小腿运动时，即踝关节运动，则足底平面与矢状面之间的角度产生变化，这一变化的角度可通过 β 角度来调整。若以中立位为参考，模型所描述的运动过程，能够说明足在跖屈时还有内翻的运动，在背伸时还存在外翻运动。

足背伸和跖屈过程中，则足翻转角度 β 值随 φ 值变大而变大，当 φ 取一个定值时，θ 和 δ 为一个角度范围值，φ 值最大的情况下，即最大跖屈位置时，图 5-3 所示 A_0 为约束位置，则 O' 在 $O_1' \sim O_2'$ 之间可以活动，上述各参数取值下，$O_1'A_0$ 与 $O_2'A_0$ 产生的最大角度为 17°，这也说明了足跖屈时，踝关节不稳，会发生侧方运动。

根据上述运动特征，如图 5-5 所示，足踝在不同伸屈角度下，其内收和外展的最大角度也不相同。

5.2.2 关节角度的动捕测量

采用 Neuron 动作捕捉系统测量足运动的内收和外展角度，具体实验设置如下：以足背上的点 P_1 为测量点，P_1 是矢状面上足背部形态变化分界位置的点，位于足背部突出处离足弓点距离最近的点，以右足为测量对象，将小腿固定，使之不能发生任何位移和旋转变化，足在外力作用下产生不同方向运动的角度变化，通过动作捕捉系统记录不同伸屈角度及其对应的内收和外展角度，如图 5-6 所示，进一步提取获得其最大值（内收和外展极限角度 ω）。

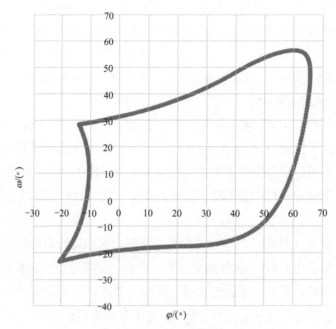

图 5-5　运动仿真数据

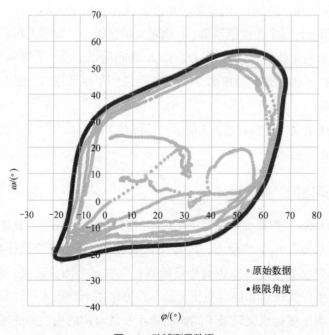

图 5-6　动捕测量数据

5.2.3 运动仿真与动作捕捉测量对比分析

对比运动仿真模型和测量数据之间的差异，检验用构建的模型来模拟人体足踝运动的有效性和准确性。

以 Ip 标记测量点的运动特征位置，实际测量和运动仿真的 φ 和 ω 极值如图 5-7 所示，实际测量点在矢状面上最大背伸角度位置 Ip_z 的 φ 值为 $-13°$，最大跖屈角度位置 Ip_0 的 φ 值为 $57°$，运动仿真相应位置 Ip_z' 和 Ip_0' 的 φ 角度值分别为 $-11.5°$ 和 $55°$，模型模拟数据的伸屈角度范围与实际测量数据的误差为 4.54%。实际测量点的背伸角度 φ 最大值为 $-20°$，且在最大外展位置 Ip_a 处，这与运动仿真的数据吻合；足背伸极限位置时，测量点从最大外展位置向内侧变化过程中，最大内收角度位置的实际测量数据表现为从 $Ip_{b1} \sim Ip_{b2}$ 的一段连续曲线，也就是说，足从外翻极限位置绕距下关节向内侧极限位置旋转过程中伴有跖屈运动，而模型模拟数据中表现为一个拐点 Ip_b'。在实际测量中，最大跖屈位置 Ip_f 的角度 φ_{max} 约为 $68°$，此时内收角度为 $45°$，通过模拟的最大跖屈位置 Ip_f' 的角度为 $65.5°$，此时的内收角度为 $47°$。从实际的测量数据中可以看出，Ip 点的内收和外展之间的最大角度范围 ω_{max} 位于跖屈 $39°$ 时，外展位置 Ip_m 和

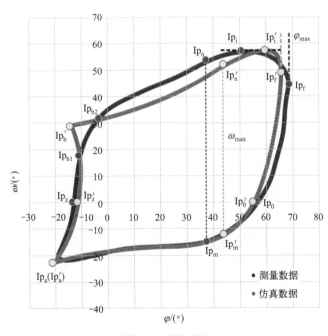

图 5-7 数据对比

内收位置 Ip_n 之间的角度为 67.5°，而模型仿真数据显示，Ip 点的内收和外展之间的最大角度范围位于跖屈 45° 时，外展位置 Ip_m' 和内收位置 Ip_n' 之间的角度为 63.5°。模拟数据最大跖屈位置 Ip_f' 到最大内收角度位置 Ip_i' 与相应的测量数据之间存在差异，这有可能是因为在足踝实际运动过程中，当足趋于跖屈极限的位置时，距骨滑车后端窄面不受踝穴关节面的有力约束，在外力作用大小不同的情况下，其运动角度也存在不同变化。

实际足的运动角度因为受到自身形态和结构的约束，其伸屈角度对应的内收和外展角度的测量数据，通过关系图形表现为不规则的形态，模型仿真是通过数学曲线模拟来约束足的运动，其伸屈角度对应的内收和外展角度的区域表现得较为规则，但模拟与实际测量的数据比较接近，因此，能够通过所建立的模型描述足踝的实际运动特征。

5.3 足踝力学模型与分析

5.3.1 足底支撑结构

根据足部骨骼结构和关节，可将足底支撑区域划分为两个部分，即前足和中后足区域，前足区域表示跖趾关节之前的趾骨组成的部分；中后足区域为由跖骨、楔骨、骰骨、舟骨、距骨和跟骨组成的部分。中后足区域的足骨及其连接的韧带，形成突向上方的弓，称为足弓，包括足纵弓（图 5-8）和足横弓（图 5-9），其中纵弓包括内侧纵弓（由距骨、跟骨、舟骨、楔骨和第 1 至第 3 跖骨构成）和外侧纵弓（由跟骨、骰骨和第 4、第 5 跖骨构成），横弓分前部和后部，前部由第 1 至第 5 跖骨构成，后部由内侧三个楔骨和外侧骰骨构成，中后足区域的足骨构成的足弓是支撑人体的主要部位，跟骨结节与距骨头为负重点。

足底负重主要是在跟骨结节与距骨头的支撑，因此，在足底平面上形成一个三角形区域，如图 5-10 所示，跟骨结节为 P_{25}'，第 1 和第 5 跖骨头分别为 P_{16}' 和 P_{18}'，根据其位置对应中后足外部形态的几个关键特征点，即外部形态的支撑位置，点 P_{25}' 在足内侧和外侧分别对应点 P_{23} 和 P_{24}，如前定义，点 P_{23} 是足内侧纵弓的起始点，点 P_{24} 是足外侧纵弓的起始点；P_{16}' 和 P_{18}' 分别对应 P_{16} 和 P_{18}，点 P_{16} 是第 1 跖骨头胫侧最突出的点，点 P_{18} 是第 5 跖骨头腓侧最突出的点。足踝以点 O 为旋转中心，分别连接 $P_{16}OP_{23}$ 和 $P_{18}OP_{24}$，构成两个三角形，$P_{16}OP_{23}$ 和

$P_{18}OP_{24}$ 分别对应足内侧纵弓和外侧纵弓，O 和 $P_{16}P_{18}P_{24}P_{23}$ 形成一个四棱锥的几何形态（图 5-11），$P_{16}OP_{18}$ 对应了足的横弓，这样构成一个稳定的支撑结构。

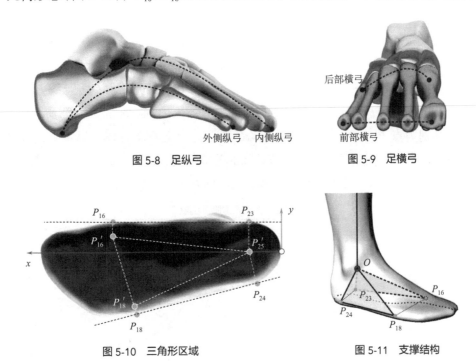

外侧纵弓　内侧纵弓

图 5-8　足纵弓

后部横弓

前部横弓

图 5-9　足横弓

图 5-10　三角形区域

图 5-11　支撑结构

5.3.2 足踝关节支撑的临界位置

实际当中，由于地面状况不同，足底接触位置及关节角度都处于不同状态，为此，本部分研究结合前面建立的相关模型，分析足踝不同伸屈和翻转角度及在足底不同位置支撑下的关节临界位置。O 和 $P_{16}P_{18}P_{24}P_{23}$ 形成的四棱锥结构按照前面论述的方式运动，足在运动时可通过 8 个关节角度来描述，即背伸、跖屈、内翻、外翻、背伸 + 外翻、背伸 + 内翻、跖屈 + 内翻及跖屈 + 外翻，假设足部接触时小腿（O_cO）与地面相对垂直，即力的方向与地面相对垂直，且地面具有较大的摩擦力，则在不同的关节角度下，与地面接触的足部位置分别对应四边形 $P_{16}P_{18}P_{24}P_{23}$ 的四个边和四个角点，对足的内、外侧与地面的接触可以理解为：内侧缘接触为点 P_{16}、点 P_{23} 和线 $P_{16}P_{23}$，足外侧缘接触为点 P_{18}、点 P_{24} 和线 $P_{18}P_{24}$；足的前侧与地面的接触为点 P_{16}、点 P_{18} 和线 $P_{16}P_{18}$，可以将线 $P_{16}P_{18}$ 近似看作跖趾关节轴线，由于趾骨接触地面，对这一位置在接触地面时的关节旋转方向有一定影响；与足的前侧相似，足的后侧与地面的接触为点 P_{23}、点 P_{24} 和线 $P_{23}P_{24}$，根据跟骨形态，以 $P_{23}P_{24}$ 为轴跟骨接触地面，对关节旋转方向有一定影响。便于分析，这里以足在落地时 $P_{16}P_{18}P_{24}P_{23}$ 的四个边和四个角点接触地面状态下的关节角度，当足受到地面的反作用力，关节沿 O 点旋转，旋转的方向与具体的关节角度、接触位置和受力方向相关，如表 5-2 所示 8 个状态的临界位置，从几何图形来看，背伸、跖屈、内翻和外翻分别为 OO_c 与线 $P_{23}P_{24}$、$P_{16}P_{18}$、$P_{18}P_{24}$ 和 $P_{16}P_{23}$ 共面，背伸+外翻、背伸+内翻、跖屈+内翻及跖屈+外翻分别为点 P_{23}、P_{24}、P_{18} 和 P_{16} 在 OO_c 线上。在足部支撑体重以及维持身体平衡时，通过不同足外在肌肉调节足踝的关节角度，使得重力位于地面接触的临界位置范围之内，即 O_cO 的延长线在四边形 $P_{16}P_{18}P_{24}P_{23}$ 的内部。

表 5-2　关节角度临界位置

背伸接触	跖屈接触	内翻接触	外翻接触
背伸+内翻接触	背伸+外翻接触	跖屈+内翻接触	跖屈+外翻接触

5.3.3　肌力模型

　　足踝的背伸、跖屈、内翻和外翻运动都受到多束肌肉的控制和调节，特别是跖屈运动，具有强大的肌肉群。由于小腿最小围处的肌肉肌腱相对位置变化不大，且肌腱类似绳索一样主要起到拉力作用，因此，将足外在肌腱在小腿最小围处的分布位置视为固定点，则拉力垂直于最小围线的截面向上，位于旋转中心 O 处的肌腱分布有一定的尺寸变化，但从肌肉力线模型以及足踝处于不同状态时，相对应的外在肌产生的力和力臂与最小围处近似，如图 5-12 所示，例如，在点 P_5 处足踝受姆长伸肌腱拉力作用，不同角度位置其拉力等于 F_{EHL}，通过形态变化测量三种状态的力臂，其都近似于 P_5 处的力臂 L_{EHL}，因此以最小围处的测量数据作为各外在肌力的力臂尺寸，如果已知具体的肌力，可求得外在肌的力矩，其他各外在肌相同。从表 2-4 中可以看到具体的足踝外在肌的解剖学功能，同样从足踝

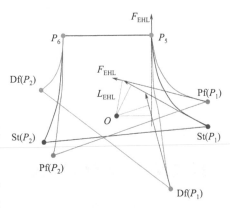

图 5-12　姆长肌力矩

外在肌肉肌腱的分布位置，结合力线模型可以看到，胫骨前肌位于足踝前内侧，因此主要背伸足，且有一定内翻足踝作用；姆长伸肌和趾长伸肌位于前侧，辅助足背伸；腓骨长肌和腓骨短肌位于足踝后外侧，因此主要外翻足，且有一定跖屈足踝作用；胫骨后肌、姆长屈肌和趾长屈肌都位于足踝后内侧，胫骨后肌主要内翻足，辅助跖屈，姆长屈肌和趾长屈肌都有辅助内翻和跖屈的作用；跟腱位于足的后侧，因此主要作用是跖屈足踝。实际应用中，具体的肌力很难获得，特别是深层肌。但是，部分浅层肌肉可通过不同方式测量或预估。

假设背伸、跖屈、内翻和外翻的外在肌力在矢状面和冠状面上的合力分别为 F_{Df}、F_{Pf}、F_{Iv} 和 F_{Ev}，结合肌肉力线模型和足底支撑结构，建立足踝外在肌肉作用的力学模型，如图 5-13 所示。在背伸状态下的力 F_{Df} 对应的力臂 L_{Df} 取跟腱

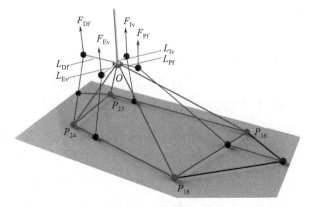

图 5-13　足踝受力模型

对应的最小围位置 $-x$ 坐标均值 39.54mm；跖屈状态下的 F_{Pf} 力对应的力臂 L_{Pf} 取胫骨前肌、蹈长伸肌和趾长伸肌对应的最小围位置 x 坐标均值 22.44mm；内翻力 F_{Iv} 取胫骨后肌和蹈长屈肌 y 坐标均值 16.25mm；外翻力 F_{Ev} 取腓骨长肌和腓骨短肌 $-y$ 坐标均值 26.70mm。这个力学模型可以转化为两个平面模型，即在矢状面上以伸屈为主的运动过程的受力情况和在冠状面上以内外翻为主的运动过程的受力情况。

5.3.4 足踝生物力学测量与分析

一个正常的步态周期中，分为站立相和摆动相，站立相过程是从足跟着地，到站立中相，再到足趾远端离开地面，这个过程占整体步态周期的 60%~62%；其他的 38%~40% 为摆动相的过程，见图 5-14。前面分析了足踝关节不同角度及接触情况，实际人在行走、跳跃等动作中足底产生的压力、动力肌产生的力矩以及肌力大小等各不相同，本部分研究以步态周期为例，分析其变化特征。

后跟着地　　　　　　　　　　　　趾尖离地　　　　　　　　后跟着地

站立相　　　　　　　　　　摆动相

图 5-14　步态周期

（1）关节运动角度与垂直压力测量

垂直压力是指地面的垂直反作用力，与前面受力模型所述的不同角度下所假设力的方向为垂直不同，但是通过不同方向所测的合力计算，可以与模型中假设的力方向对应。便于描述，在这里通过垂直压力数据变化分析正常步态的基本规律，为了获得较为精确的关节角度与足底支撑的垂直压力，采用 Vicon 光学动作捕捉系统，结合 AMTI 测力板（Optima Technology Associates，Inc，USA），获取步态周期中足踝伸屈运动角度（见图 5-15）及垂直压力（见图 5-16），第一垂直压力峰值出现在步态 15%，压力值为 750N，第二垂直压力峰值出现在步态 45%，压力值与第一垂直压力相同，采样者的体重为 68kg，压力峰值为体重的 1.25 倍。目前在步态的相关研究和报道中，第一垂直压力的高峰值约为测试者体重的 1.1 ～ 1.5 倍，出现在步态周期的 20% 位置；在站立中相时的压力因为人体重心的上升而降低，站立相后期，小腿收缩产生第二压力峰值，峰值与第一垂直压力峰值相同，本研究测试与相关研究报道的数据吻合。

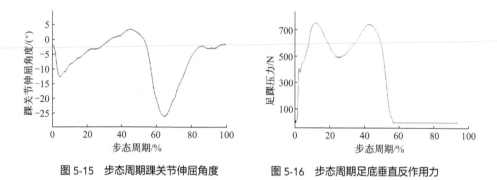

图 5-15　步态周期踝关节伸屈角度　　　　图 5-16　步态周期足底垂直反作用力

（2）足底压力分布测量

在一个步态周期中，足踝关节背伸和跖屈运动，足底接触地面的位置和区域面积不同，具体压力分布不同。足底压力测量系统可对采样者进行足底压力记录，压力平板由压力传感器构成，传感器排列密度大，可精细识别压力，系统数据采样频率高，可满足高速运动测试需要。本部分研究采用 JSP-C5 足底压力测量系统对采样者进行裸足下正常步态周期的足底压力记录，图 5-17 显示了步态中的 3 种姿态：后跟着地、站立中相与后跟提起的足底压力分布情况，通过足底压力分布可以判断足落地时的主要接触位置。

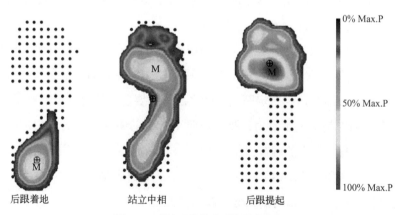

图 5-17　足在三种姿态下的足底压力

（3）外在肌表面肌电信号测量

肌肉力可以通过肌电信号（EMG）测量评估，肌电信号是肌肉发力过程中肌纤维运动单元动作电位时空上的叠加，是一种微弱的电信号。肌电测量的方式一般分为两类：针电极式和表面电极式，针电极要将电极插入肌肉提取肌电，电极与肌肉接触面比较小，能精确测量肌电信号，也可以用于深层肌肉的测量，但是这种测量方法会对测试者造成一定损伤，所以在运动生物力学的领域应用比较少。表面肌电信号（sEMG）的电极形式比较简单，电极是一个金属圆盘，附着于肌肉表面获取表面肌肉电信号，电极作用区域较大，测量中存在较多影响因素，无法检测深层肌，但是对受试者体表没有创伤，是体表无创伤测量的重要方法。

表面肌电信号的分析包括时域法、频域法、时-频域法等，时域分析包括积分肌电值（IEMG）、均方根值（RMS）、绝对积分值等指标。其中 IEMG 是反映肌肉张力的一个重要指标，通过这个指标可以分析肌肉的疲劳性；另外，由于电信号刺激肌肉收缩产生的肌肉力是一种低频信号，可以将运动肌电信号表示成最大自愿收缩（MVC）信号最大幅值的百分比，这一过程为归一化处理，肌肉力激活度被描述为介于 0 和 1 之间的值，通过分析能够反映肌肉应激激活状态的起始时间和肌力的相对大小。表面肌电信号测量一般适合于浅层肌肉，肌腹的中心位置易于被确定，足外在肌主要包括四条浅层肌肉，分别为胫骨前肌、腓骨长肌、比目鱼肌和腓肠肌，其为足踝背伸、跖屈和外翻的部分主要动力肌，本部分研究采用 ErgoLAB EMG 测量了该四条肌肉在步态周期中的肌电信号并做归一化处理，如图 5-18 所示。

正常步态中，四条足外在肌的表面肌电信号测量数据与已有研究所报道的一致，胫骨前肌（TA）的肌电信号显示其主要在足跟后端着地和足趾前端离地的时刻被激活，即在达到一定跖屈角度之后，需要通过胫骨前肌调整足的方向，其在站立中相内基本上不发力；腓骨长肌（PL）的激活状态表现为站立中相之后，主要参与身体平衡的调节；比目鱼肌（SOL）在支撑相之后到足跟离地时处于激活状态；腓肠肌（GAS）的激活状态表现为足跟着地之后，与比目鱼肌同时直到支撑相后期足跟离地时的跟腱力都比较大。

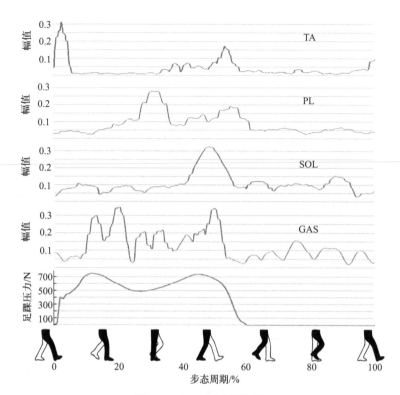

图 5-18 足踝外在肌肌电信号

第6章
踝护具设计方法

足踝运动损伤中韧带拉伤最为常见，特别是距腓前韧带，为了有效保护和预防此类运动损伤，护具是最佳选择，弹性踝护具为足踝提供一定的压力，半刚性护具约束足踝的运动角度，从而起到保护作用，且在选择上因人而异。本章结合足踝外部形态和弹性服装压力理论，分析了足踝对应的织物材料形态、弹性变形尺寸以及相应的曲率半径，计算得出足踝局部最大压力值，明确最大压力及零压力位置，并根据人体表面的舒适压力范围，提出基于舒适压力的弹性护踝设计方法。参照足踝运动学规律和力学模型，结合足踝外部形态变化的特征和形态类型，提出采用辅助力约束足踝运动角度范围及形态匹配的半刚性护具设计方法。

6.1 考虑舒适性的弹性护踝设计方法

弹性护踝因变形在人体表面产生压力，其受踝曲面形态相关特征的影响，根据拉普拉斯方程，确定主要特征的变量值，可以求出织物在相应位置的压力，考虑人体的舒适压力，以舒适性压力值为依据，便能准确把握弹性护具的尺寸以及形态设计，基于此，考虑舒适性的弹性护踝设计方法如图6-1所示。

首先，在踝外部形态的基础上，通过构建 u 向曲线的突闭曲线，模拟弹性织物形态；其次，获取曲线上型值点的曲率半径，根据特征曲线尺寸及曲率半径特征，确定最大和最小压力的位置；最后，结合材料的具体特征，包括材料尺寸和弹性系数等，按照拉普拉斯公式，在不超过人体舒适性压力感知的范围内明确不同踝形态类型的弹性护踝尺寸及形态设计。

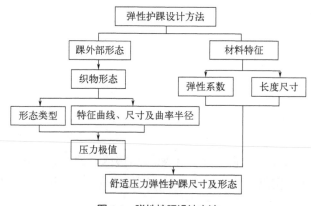

图 6-1　弹性护踝设计方法

6.1.1 弹性护踝模型及型值点曲率

（1）在踝曲面上映射的弹性织物形态

弹性护踝由 n 个单位（mm）经纱和 m 个单位纬纱编织组成，织物附着于足踝表面后，经纬纱线分别与踝曲面的 u、v 向曲线对应，假设弹性护踝开始于足外侧的第 5 跖趾关节突出点，结束于小腿最小围处，纬纱和经纱在足踝曲面上的投影形成 $m×n$ 个曲线，如图 6-2 所示为弹性护踝织物与足踝曲面的映射关系。

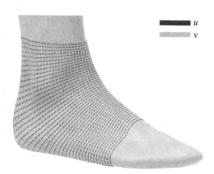

图 6-2　弹性护踝织物在足踝模型上的映射

（2）织物 u 向曲线形态

织物受足踝突出的骨骼、肌肉及肌腱的支撑，形成一定的形态，因织物张力的大小不同，肌肉部分可能会产生少量的形态位移，本研究针对一定压力的弹性护具，大部分受形态不变的骨骼和受力状态下的肌肉肌腱支撑，整体与足踝形态保持一致。由于踝形态复杂，存在差异较大的凹凸曲面，织物并非完全产生压力，且产生的压力并非均匀，受形态影响差异较大。弹性护踝纬线即 u 方向上是闭合的曲线，压力主要来源于此，因此，在足踝形态基础上通过构建这个方向上 m 个相应凸闭曲线的方法来形成织物形态。

凸曲线是指平面曲线总是位于它的每一点切线的同一侧，闭合的凸曲线是凸闭曲线。凸闭曲线上每个位置点的曲率 $k ≥ 0$，曲率 k 处不为零的凸闭曲线是卵形线。构成踝曲面的 u 向曲线都是封闭曲线，对该封闭曲线构成的点有序排列，求出曲率 $k \geq 0$ 的点，根据凸包点集算法，求出凸包点，再通过 NURBS 曲线插值构建 3 阶封闭的拟合曲线，从而构建出凸闭曲线。

通过踝形态曲面的 u 向凸闭曲线，可以构建出织物的形态曲面的三维空间模型。织物 u 向曲线从足第 5 跖趾关节突出点为起点至小腿最小围线，依次记为 u^*_i；v 向曲线以足背部与足坐标系 x-z 平面上的交点为起点，顺时针排序，依次记为 v^*_i，因此，每个 u 向曲线由 n 个型值点构成，型值点的位置就是织物 v 向纱线与 u 向纱线的交点，构建型值点集，型值点为 $p^*_{i,j}$，其中 $i=0, 1,\cdots, m-1$；$j=0, 1,\cdots, n-1$。

（3）织物形态标准模型及分类

便于统一分析，在保证精度为 0.1mm 的条件下，即 m 取 72，n 取 46，共 3312 个型值点，采用与足踝曲面重构同样的方法，求得样本所有的型值点均值，进而构建出一个标准的织物形态模型。

足踝的 u 向曲线影响弹性护踝尺寸的变化，足兜围是经过胫前下点 P_{13} 和足跟点 P_{26} 的 u 向曲线，足兜跟围长 $GP_{13}P_{26}$ 对应了织物形态曲线的最大围长，用 $G_{13,26}$ 表示对应的织物围长，以标准模型的织物足兜跟围长，即平均围长为参照，平均围长表示为 $\bar{G}_{13,26}$，可以得到样本与标准模型之间的比例系数，记为 C：

$$C = \frac{G_{13,26}}{\bar{G}_{13,26}} \qquad (6\text{-}1)$$

根据扫描的形态数据中足兜跟围长，最小围长是 266.8mm，最大围长是 353.9mm，平均围长为 308.9mm，进一步统计织物的对应尺寸，因为大部分人体足兜跟围长基本就是一个凸闭曲线，因此织物足兜跟围长与人体足兜跟围长之间差异不大，确定织物的围长标准为 310mm。本研究主要为了总体描述弹性护踝压力分布情况，设定 9 个围长类型，即 270mm、280mm、290mm、300mm、310mm、320mm、330mm、340mm 和 350mm，将比例系数分别记为 $C_1 \sim C_9$，有 C_1=0.87、C_2=0.90、C_3=0.94、C_4=0.97、C_5=1、C_6=1.03、C_7=1.07、C_8=1.10 和 C_9=1.13，建立在标准模型的弹性护踝围长、曲率等基础上，进一步讨论弹性护踝的径向长度尺寸不同的情况下所产生的压力变化。

（4）织物形态 u 向曲线型值点曲率

在织物标准模型上，对应于每个型值点位置的 u 向曲线的曲率集合表示为

K，因此所有的型值点曲率 $K_{i,j}$（$i=0, 1, \cdots, m-1$; $j=0, 1, \cdots, n-1$）为 mn，即织物模型型值点曲率为 72×46 矩阵：

$$K = \begin{bmatrix} K_{0,0} & K_{0,1} & \cdots & K_{0,n-1} \\ K_{1,0} & K_{1,1} & \cdots & K_{1,n-1} \\ \vdots & \vdots & & \vdots \\ K_{m-1,0} & K_{m-1,1} & \cdots & K_{m-1,n-1} \end{bmatrix} \quad (6\text{-}2)$$

6.1.2 弹性护踝压力与最大压力位置

弹性织物的弹性系数为 E，形态曲面上的曲线代表 1 个单位（mm）宽度的纱线。根据 u 向曲线的型值点位置的曲率大小和织物伸长量，即曲线长度，就可以判断每个位置处的压力大小。足踝 u 向所有曲线长度尺寸不同，产生的织物长度 $\boldsymbol{Lu}^*$ 也不同，Lu_i^* 表示标准织物 u_i^* 曲线的长度尺寸，其中 $i =0, 1, \cdots,$ $m-1$，则

$$\boldsymbol{Lu}^* = \begin{bmatrix} Lu_0^* & Lu_1^* & \cdots & Lu_{m-1}^* \end{bmatrix}^{\mathrm{T}} \quad (6\text{-}3)$$

获得每条织物不同伸长量，每个型值点位置的具体压力可以利用拉普拉斯公式求出，其中曲率半径为曲率的倒数。

$$P_{\mathrm{H}} = E(Lu_i^* - X)K_{i,j} \quad (6\text{-}4)$$

式中，X 表示弹性护踝织物径向纬纱围线的自由长度，公式（6-4）为织物型值点位置处的压力与织物纬纱自由长度之间的线性关系，为进一步求出最大压力点，再令

$$M = (Lu_i^* - X)K_{\max} \quad (6\text{-}5)$$

其中，$K_{\max}$ 为标准模型 u 向曲线上的最大曲率，将相应的型值点标记出来。织物标准模型 u 向曲线长度为 Lu_i^*，则按足兜跟围长比例确定的分类模型的 u 向曲线长度 LC_i，其与 Lu_i^* 之间的关系为：

$$LC_i = C \cdot Lu_i^* \quad (6\text{-}6)$$

织物分类模型型值点位置曲率 $KC_{i,j}$ 与标准模型型值点位置曲率 $K_{i,j}$ 的关系为：

$$KC_{i,j} = \frac{K_{i,j}}{C} \tag{6-7}$$

式（6-5）可转化为：

$$M = Lu_i^* \cdot K_{max} - \frac{K_{max}}{C} X \tag{6-8}$$

从式（6-8）可以看出，当$X=0$时，最大M值为标准模型曲线长度乘以最大曲率，所有尺寸模型的最大理论压力值相同，实际上是不存在的；当$X \neq 0$时，最大压力位置需要根据X的值来判断，进一步参照织物形态标准模型求出相关尺寸，计算得到具体的压力值。

6.1.3 关键特征曲线形态与压力分析

（1）标准模型的u向曲线尺寸及其最大曲率位置

u_i^*表示织物的u向曲线，统计标准弹性护踝模型的46条曲线长度Lu_i^*，其分布如图6-3所示，变化具有规律性，在足兜围位置（u_{25}^*）的曲线长度具有最大值，且分别向足第5跖趾关节突出点和小腿最小围线位置方向递减。

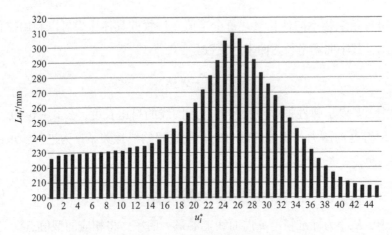

图6-3　弹性护踝围线长Lu_i^*

同样，统计弹性护踝标准模型每条u向曲线上最大曲率K_{max}的型值点位置，如图6-4所示，以对应的曲率半径R_{max}构建一系列圆，其大小变化特征为：从u_0^*向u_{25}^*递增，在u_{10}^*位置时最大曲率由足部外侧转为足背部胫前肌腱部位；从u_{25}^*向u_{34}^*递减，再从u_{34}^*向u_{45}^*递增，在u_{34}^*位置时最大曲率由足背部转为足部后侧跟腱部位。

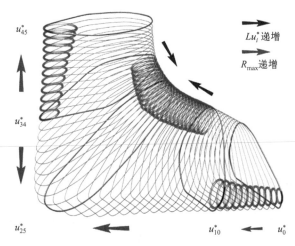

图 6-4　弹性护踝围线最大曲率位置

（2）u 向关键特征曲线

特征点主要是指足踝部位的一些突出
点和转折点等，一般在这些位置上的曲线
都具有较大的曲率，通过探讨织物 u 向特
征曲线的尺寸及型值点曲率变化，分析弹
性织物对足踝产生的压力分布情况。从织
物标准模型的 u 向曲线尺寸及型值点曲
率分布特征得出，其变化位置的凸闭曲线
u_0^*、u_{10}^*、u_{25}^*、u_{34}^* 和 u_{45}^* 分别对应于踝形
态特征曲线：$GP_{16}P_{18}$、GP_1P_{22}、$GP_{13}P_{26}$、
$GP_3P_4P_{14}$ 和 GP_5P_6（图 6-5）。

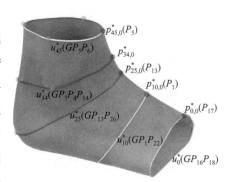

图 6-5　弹性织物 u 向特征曲线

（3）特征曲线形态及其曲率分布

织物形态曲面由踝形态曲面上的凸闭曲线形成，通过足踝形态曲面和对应
的弹性护踝织物形态曲面上特征曲线的曲率分布图（图 6-6）可看出两者之间的
差异性。其中踝形态的特征曲线之间，以及每个特征曲线本身的曲率大小都存
在差异，说明了踝形态的复杂性，例如曲线 $GP_{16}P_{18}$ 和曲线 $GP_3P_4P_{14}$ 的形态及其
曲率值差异非常大，曲率大小不同的曲线段对应不同的圆弧半径，不连续的曲
率变化是由不同半径的弧线组成，最终表现为变化复杂的形态；特征曲线上的曲
率有正值和负值，说明踝表面形态有凹下也有突出，例如 $GP_3P_4P_{14}$ 曲线上，较

大的正曲率对应外踝突出点和跟腱的位置，较大的负曲率对应为外踝突出点到跟腱之间的表面形态，这些位置的凹凸变化程度比较大。

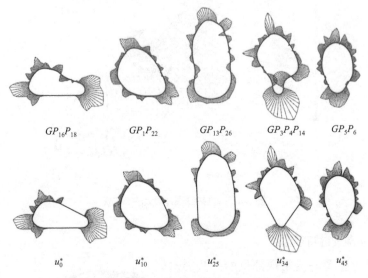

$GP_{16}P_{18}$　　GP_1P_{22}　　$GP_{13}P_{26}$　　$GP_3P_4P_{14}$　　GP_5P_6

u_0^*　　u_{10}^*　　u_{25}^*　　u_{34}^*　　u_{45}^*

图 6-6　足踝和弹性织物形态特征曲线曲率分布对比

与踝形态特征曲线比较，织物形态特征曲线为凸闭曲线，不存在负曲率，映射于踝形态特征曲线所有负值曲率段，在织物形态上的这部分曲率全部为零，即对人体所产生的压力为零。织物形态特征曲线正值曲率段与踝形态特征曲线对应相同，其形态保持不变，织物压力与人体形态曲线曲率相关，但构建织物形态曲线更接近于实际状态，通过其正值曲率的曲线段表征踝部表面所受压力作用的具体位置。

（4）织物特征曲线型值点曲率值

特征曲线形态复杂，曲线上的曲率并非定值，由于每条特征曲线都进行了72 等分，分别具有 72 个型值点，通过 Rhino 脚本程序可提取各型值点的曲率值，如图 6-7 所示为织物模型的 u_0^*、u_{10}^*、u_{25}^*、u_{34}^* 和 u_{45}^* 曲线上 72 个型值点的曲率数值对比。

找出每条特征曲线上的 72 个型值点曲率中最大的值，并标记出最大值的位置，同时也标记出零曲率的位置，同一条特征曲线，型值点曲率数值越大，其压力值越大，反之亦然。如图 6-8 所示，根据具体曲率值，标记出最大曲率和零曲率的具体分布，特征曲线 u_0^*、u_{10}^*、u_{25}^*、u_{34}^* 和 u_{45}^* 的最大曲率分别位于型值点 $p_{0,48}^*$、$p_{10,46}^*$、$p_{25,0}^*$、$p_{34,36}^*$ 和 $p_{45,36}^*$ 位置。

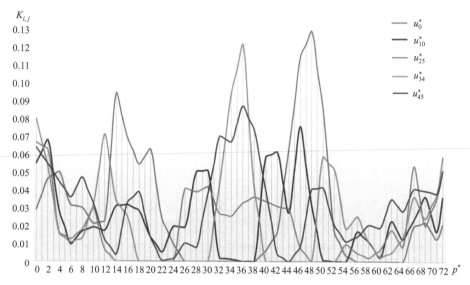

图 6-7　特征曲线型值点曲率值

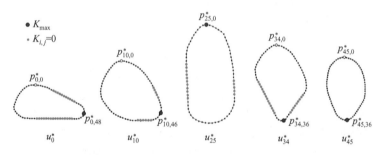

图 6-8　特征曲线最大及零曲率型值点位置

（5）织物长度尺寸与最大压力关系

统计得出织物标准模型中 5 个特征曲线长度尺寸 Lu_0^*、Lu_{10}^*、Lu_{25}^*、Lu_{34}^* 和 Lu_{45}^* 及其对应的最大曲率 K_{max}，具体数值如表 6-1 所示。

表 6-1　特征曲线型值点对应的 K_{max}

特征曲线u_i^*	u_0^*	u_{10}^*	u_{25}^*	u_{34}^*	u_{45}^*
特征曲线围长Lu_i^*	225.4	230.8	310	245.8	207.6
最大曲率型值点$p_{i,j}^*$	$p_{0,48}^*$	$p_{10,46}^*$	$p_{25,0}^*$	$p_{34,36}^*$	$p_{45,36}^*$
最大曲率值K_{max}	0.123	0.072	0.064	0.116	0.083

织物标准模型中 $C=1$，将 Lu_i^* 和 K_{max} 的具体数值代入式（6-8），可分别得到每个特征曲线上最大压力点关于织物自由长度 X 的线性方程，在坐标系中建立线性方程的图形，如图 6-9 所示，其中 X 值为正，实际的最小值与弹性材料的最

大伸长量有关；最大值为310，即超出最大值则无压力产生。

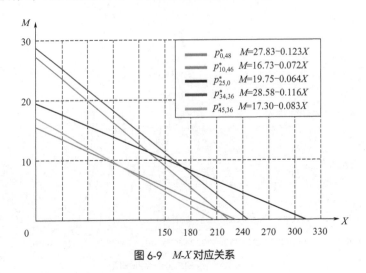

图6-9　M-X对应关系

从图中可看出，最大 M 值分别位于特征曲线 u^*_{25} 和 u^*_{34} 的型值点 $p^*_{25,0}$ 或 $p^*_{34,36}$ 处，因此，可以构建方程组为：

$$\begin{cases} M = 19.75 - 0.064X \\ M = 28.58 - 0.116X \end{cases} \qquad (6-9)$$

求方程组的解，可得，当 $X = 168$mm 时，$p^*_{25,0}$ 和 $p^*_{34,36}$ 位置压力同时最大；当 $X < 168$mm 时，$p^*_{34,36}$ 位置压力最大；当 $X > 168$mm 时，$p^*_{25,0}$ 位置压力最大。因此，压力极值可能位于 $p^*_{25,0}$ 或 $p^*_{34,36}$ 处，这需要根据不同的足踝尺寸类型和弹性织物围线的长度而定，点 $p^*_{25,0}$ 位于胫骨前肌腱上，点 $p^*_{34,36}$ 位于跟腱上。

6.1.4 考虑舒适性压力的弹性护踝设计

在已知足踝尺寸的情况下，织物弹性系数 E、自由长度 X 和足踝曲面形态的最大曲率 K_{max} 影响弹性护踝产生的最大压力。通过调整相关的参数，将压力调整到所需的压力值或人体感知的舒适范围内十分重要，以下为考虑舒适性压力的护踝的具体设计方法。

（1）舒适性压力下的弹性护踝尺寸

使用千帕（1cN/mm²=10kPa）表示服装压强单位，参考服装舒适性的压力不超出 9.8kPa，来讨论弹性护踝的尺寸设计。以单位截面（1mm²）、弹性系数 E=0.1cN/mm 的织物为例，在标准模型中织物围长 X 为 168mm 时，根据公式

（6-4）计算可得点 $p^*_{25,0}$ 和 $p^*_{34,36}$ 压力同时约为 9kPa。在此取最大压力 9kPa，通过计算得到 9 个类型要达到产生 9kPa 压力要求时，其分别对应的织物具体围长尺寸；进一步计算已知织物具体围长尺寸情况下，对应 9 组类型在 $p^*_{25,0}$ 和 $p^*_{34,36}$ 处的最大压力具体值，如表 6-2 所示。

表 6-2　不同足踝尺寸 $p^*_{25,0}$ 和 $p^*_{34,36}$ 位置在不同 X 值时的压力　　　单位：kPa

最大压力点	X/mm	C_1	C_2	C_3	C_4	C_5	C_6	C_7	C_8	C_9
$p^*_{25,0}$	146.30	9.00	9.38	9.74	10.08	10.39	10.68	10.96	11.21	11.46
$p^*_{34,36}$	147.02	9.00	9.69	10.34	10.96	11.53	12.05	12.57	13.03	13.47
$p^*_{25,0}$	151.68	8.61	9.00	9.37	9.72	10.04	10.34	10.64	10.90	11.15
$p^*_{34,36}$	152.42	8.28	9.00	9.67	10.31	10.90	11.45	11.98	12.46	12.92
$p^*_{25,0}$	157.05	8.21	8.62	9.00	9.37	9.70	10.01	10.31	10.59	10.85
$p^*_{34,36}$	157.82	7.56	8.31	9.00	9.67	10.27	10.84	11.39	11.89	12.36
$p^*_{25,0}$	162.59	7.80	8.23	8.62	9.00	9.34	9.67	9.98	10.26	10.53
$p^*_{34,36}$	163.39	6.82	7.59	8.31	9.00	9.63	10.21	10.78	11.30	11.79
$p^*_{25,0}$	167.97	7.41	7.84	8.25	8.64	9.00	9.33	9.65	9.95	10.23
$p^*_{34,36}$	168.79	6.10	6.90	7.64	8.35	9.00	9.61	10.20	10.73	11.24
$p^*_{25,0}$	173.34	7.01	7.46	7.88	8.29	8.66	9.00	9.33	9.64	9.92
$p^*_{34,36}$	173.60	5.46	6.28	7.04	7.78	8.44	9.00	9.67	10.22	10.74
$p^*_{25,0}$	178.89	6.61	7.07	7.51	7.92	8.30	8.66	9.00	9.31	9.61
$p^*_{34,36}$	179.76	4.64	5.49	6.28	7.04	7.73	8.37	9.00	9.57	10.11
$p^*_{25,0}$	184.26	6.21	6.69	7.14	7.57	7.96	8.32	8.68	9.00	9.30
$p^*_{34,36}$	184.53	4.00	4.88	5.69	6.47	7.17	7.84	8.48	9.00	9.62
$p^*_{25,0}$	189.64	5.82	6.31	6.77	7.21	7.61	7.99	8.35	8.69	9.00
$p^*_{34,36}$	190.57	3.20	4.10	4.94	5.74	6.47	7.16	7.82	8.43	9.00

从表 6-2 中数据可以得出，当设定最大压力大于 9kPa 时，其位于 $p^*_{34,36}$ 处。因此，9 组足踝围线尺寸类型的弹性织物围长参照 $p^*_{34,36}$ 位置对应的尺寸；同样，当设定的最大压力小于 9kPa 时，9 组足踝围线尺寸类型的弹性织物围长参照 $p^*_{25,0}$ 位置对应尺寸。Khaburi 等人采用 100mm 宽的绷带，通过产生 15N 的拉力（1mm 宽对应 15cN），测试人体下肢的不同部位的压力，结果显示在胫骨前肌腱和跟腱部位产生的压力最大，压力峰值超过了 75mmHg（9.975kPa），本部分研究通过理论计算，假设 $E=0.1$cN/mm 的弹性织物，在标准模型中伸长量从 168～310mm，即伸长量为 142mm，弹性织物单位宽度 1mm，则产生 14.2cN（100mm 宽对应 14.2N）拉力，同时在胫骨前肌腱和跟腱部位的最大压力为 9kPa，理论数据与 Khaburi 等人实验测量数据吻合。

（2）弹性护踝的具体尺寸分类

最大压力为 9kPa，织物弹性系数 0.1cN/mm，以 5mm 为步长取整，不分男女性别，弹性护踝的围长尺寸可划分为 C_1 类（150mm）、C_2 类（155mm）、C_3 类（160mm）、C_4 类（165mm）、C_5 类（170mm）、C_6 类（175mm）、C_7 类（180mm）、C_8 类（185mm）和 C_9 类（190mm）9 个类型，其尺寸分别对应了按照标准模型比例缩放所获得的 9 组足踝围线尺寸。

由于男性和女性足踝围线尺寸存在较大差异，可以将男女区别分类，从足兜围尺寸测量统计来看，女性均值约为男性的最小值，男性均值约为女性的最大值，女性和男性的足兜围长均值分别取 295mm 和 325mm，则女性弹性护踝织物围长包括 C_1、C_2、C_3、C_4、C_5 和 C_6 类，而男性弹性护踝织物围长包括 C_4、C_5、C_6、C_7、C_8 和 C_9 类。

将 9 类弹性护踝织物围长简化为 3 类，即通常所描述的大、中和小 3 个型号，以均值对应类别为 C_2 类（155mm）、C_5 类（170mm）和 C_8 类（185mm），由于足部围长与足兜围长非常接近，按照第 4 章的踝部区域形态类型划分，则分别对应了（S）∪①*、（M）∪②* 和（L）∪③* 三个类型，另外对于（S）∪②* 和（M）∪①* 介于 C_2 和 C_5 类之间，对于（L）∪①* 和（L）∪②* 类型介于 C_5 和 C_8 类之间。

（3）极大压力与弹性护踝设计

弹性护踝给踝部皮肤表面提供适当的压力，设置相关参数可以调整其整体压力的大小，采用聚氨酯（TPU）材料，其弹性模量从 10～1000MPa，伸长率可达 700%，同时减小自由长度，能够提供较大的压力，但是往往由于局部压力过大，而对人体造成不舒适的感觉，这些局部位置恰恰就是最大压力产生的位置。最大压力点 $p^*_{25,0}$ 和 $p^*_{34,36}$ 对应人体的胫骨前肌腱和跟腱位置，如果增加这些位置所经过的织物长度，也可以采用镂空的设计方法，就可以避免局部最大压力的产生，绷带的优点就是可以根据所需压力和位置来缠绕加压，"8" 字缠绕法是最为典型的方法之一，实质上具有弹性的绷带缠绕附着于人体表面类似于弹性护踝，如图 6-10 所示，织物形态 u 向曲线由相互垂直的两部分组成，经过特征点 P_1、P_5、P_6、P_{13}、P_{14} 和 P_{18} 的曲线分别为 ue^*P_1、$ue^*P_5P_6$、ue^*P_{13}、ue^*P_{14} 和 ue^*P_{18}，根据特征点在曲线上的位置，判断其主要受哪个部分织物曲线的张力作用而产生压力，例如点 P_5 和 P_{14} 受如图中的水平部分的拉力作用，P_{18} 受垂直部分的作用，而 P_1、P_6 和 P_{13} 同时受到两个部分的作用。通过控制绷带的长短或加减缠绕圈数，可以改变压力的大小，但也是通过整体加压的方式，当为某些位置增加所需的压力时，可能带来其他位置的极大压力，这就需要进一步的分析，其方法相同，这里不再赘述。

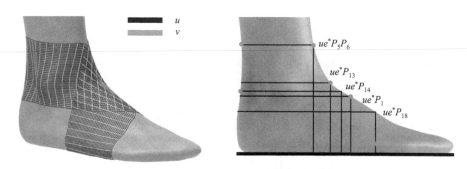

图 6-10　"8"字弹性绷带在足踝模型上的映射

（4）极小压力与弹性护踝设计

织物曲面 u 向曲线曲率为零或者曲率极小的位置被认为是压力极小的位置，如图 6-11 所示，经过数据整理和分析，弹性护踝主要有四个曲率极小的区域：内侧和外侧踝区域，由于跟腱与足跟骨后突出相连，跟腱至胫骨和腓骨下端之间具有一定的间隙，表面形态呈现凹面，弹性织物主要受跟腱和内外踝突出的支撑，凹面部位没有压力产生；足底区域，足底部与地面接触形成一定形态的平面，在这种情况下织物没有产生压力，但实际足底支撑人体，这个区域会形成大小不同的因为体重而产生的巨大压力；足背区域，因足部形态特征，位于第 2 到第 5 跖骨的上部，形成部分曲率较小的曲面形态，这个部分是足最宽的地方，且高度方向尺寸较小，因此上部区域织物压力较小，主要集中于足内外两侧。

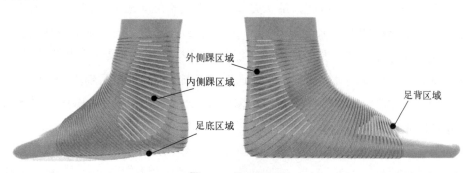

图 6-11　极小压力区

在足踝扭伤机制中，由于踝关节突然的内翻，极易产生韧带拉伤，根据损伤不同等级，可能涉及外侧不同的韧带，距腓后韧带和跟腓韧带等位于踝外侧区域，这个区域又难以提供一定的压力，因此，弹性护踝设计应重点考虑如何提高拉力和压力，辅助韧带发挥作用。给压力较小的区域加入支撑材料，改变织物局部形态曲率，通过压力传递的方式，提高与人体接触部位的压力值，这种方式可以使得压力均匀分布，并且如果支撑材料附着关节外部，例如内侧和外侧踝区域，其与织物拉力共同作用，约束踝关节的角度变化。

6.2 基于足踝 ROM 约束的半刚性护踝设计

6.2.1 运动类型与半刚性护踝设计方法

在肢体近端固定的情况下，远端关节发生运动，这种方式称为开链运动（Open Kinetic Chain，OKC）。开链运动可通过单个关节完成运动，在运动中能够单独地、有目的地对某一块肌肉进行力量训练。在肢体远端，例如手或足是处于固定的静止状态的情况下，近端关节可以产生运动，这种方式称为闭链运动（Close Kinetic Chain，CKC），闭链运动中有较多的肌肉和关节参与。当小腿固定时，足踝做背伸、跖屈、内翻或外翻等运动属于开链运动；当足部固定，小腿相对于足做各种运动时，踝关节运动则属于闭链运动。因此，足部离开地面，没有受到地面的反作用力，通过外在肌肉调整足将要落地的角度，这一过程处于开链运动状态；当足部落到地面之后，根据足踝角度受到不同部位的支撑，为了支撑身体和维持平衡，足部处于闭链运动状态。足部受到接触地面或受到外力时，为了支撑身体维持平衡，需要强大的肌肉来调节角度，地面或外力往往远大于部分外在肌力，因此，足踝关节发生剧烈的角度变化，这时需要采取约束足踝角度范围 ROM（Range of Motion）的方式预防外力的破坏。另外一种状态则是由于过度疲劳，足外在肌肉不能及时或者适当做出反应来调节，因此，可以通过外力辅助加强刺激提高响应速度，本书提出增加一定辅助拉力的半刚性护踝设计方法，其主要通过刚性和弹性材料的结合来约束足踝 ROM，具体的方法如图 6-12 所示。

首先，根据前期的扫描数据，明确足踝跖屈、内翻等角度，并且明确韧带的尺寸变化范围；其次，根据运动方向，分别在跖屈和内翻后增加一定的反向辅助力来调节足的运动状态，根据需求设置拉力大小；最后，结合踝形态类型，也就是匹配足踝的尺寸，明确护具部件的设计尺寸。

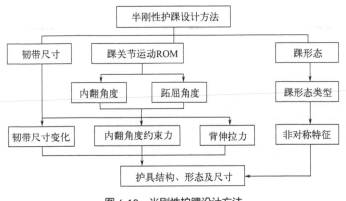

图 6-12　半刚性护踝设计方法

6.2.2　韧带尺寸变化与 ROM 约束

（1）踝关节主要韧带尺寸变化

在平均尺寸样本模型中，按照运动规律获取足踝关节伸屈状态下外侧韧带的具体长度尺寸变化，见表 6-3。从表中可以看出，距腓前韧带（ATFL）和跟腓韧带（CFL）在跖屈过程中都有一定的长度变化，但距腓后韧带（PTFL）几乎没有变化。由于距骨滑车前宽后窄，即 $\Delta\alpha$ 为 10° 角，因此在足跖屈同时内翻的运动中，运动模型显示正常状态下距骨在水平面上存在一定向内旋转的角度，这个变化对距腓前韧带长度影响较大，特别是当内翻过度时，且在跖屈 50° 情况下，距骨在水平面上向内旋转 15°，也就是说足踝跖屈和内翻同时产生较大角度时，则测得距腓前韧带长度为 32.24mm，相对中立位的尺寸伸长 64%。

表 6-3　外侧韧带变化尺寸

$\varphi/$（°）	0	10	20	30	40	50	60	70
伸屈角度/（°）	20	10	0	−10	−20	−30	−40	−50
ATFL/mm	19.61	19.55	19.7	20.16	20.54	21.12	21.86	22.67
CFL/mm	32.59	33	33.63	34.42	35.35	36.37	37.46	38.57
PTFL/mm	28.26	27.28	26.56	26.15	26.08	26.34	26.94	27.8

（2）ROM 约束

通过约束足踝关节角度可防止韧带过度拉伸，特别是在足踝受到外力作用引起突然变化的情况，ROM 主要为背伸、跖屈、内翻和外翻角度。按照足踝实际与地面接触受摩擦力作用或受到外力作用，人体产生的力 F_{Tib} 通过胫骨作用于踝关节，过大的踝关节角度产生力矩，从而使 ROM 扩大，导致韧带拉伤，例如人体垂直下落，并着落于倾斜的地面，足内翻产生超出临界位置的角度，将图 5-13 显示的足踝力学模型简化为额状面示意图，如图 6-13 所示，落地时受到足外侧点 P_{18} 的支撑，踝关节会绕点 P_{18} 旋转而产生力矩，进而促使关节角度加剧；同样，足着落于水平地面上，地面摩擦力较大，且运动过程中产生较大的侧切力，导致踝关节过度内翻（图 6-14），从而促使 ROM 扩大。对于跖屈角度也存在类似情况，因此通过半刚性踝护具限制足踝 ROM，尽可能防止在各种情况下关节角度过大，或超出临界角度，致使角度变化加剧，产生韧带过度拉伸，甚至骨骼或其他组织破坏。

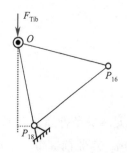

图 6-13 倾斜地面的足过度内翻

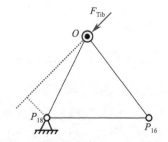

图 6-14 水平地面的足过度内翻

前面已分析，在较大跖屈和内翻角度下，距腓前韧带伸长量较大，因此，在护具设计时着重考虑这一状态下的角度约束。一般情况下，人体产生的力沿胫骨方向，结合标准模型限制第 5 跖骨头腓侧突出点在跖屈和内翻的临界位置至关重要，从模型运动角度分析来看，如图 6-15 所示，以足中立位时的矢状轴 X

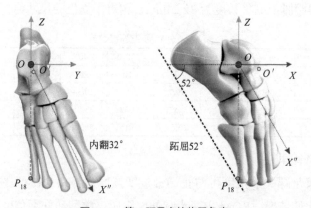

图 6-15 第 5 跖骨点的临界角度

为参照，其沿 Y 轴旋转 52°（跖屈角度为 52°），沿 OO' 旋转 32°（内翻角度为 32°）时至 X''，即到达第 5 跖骨头突出点 P_{18} 的临界位置。以上运动模型角度变化都假设足部为刚体情况下所测，实际当中由于足其他关节变化，足弓发生变化，足踝的最大跖屈和内翻角度可能大于这一临界位置角度，且关节角度的变化因人而异，但是在护踝设计中可参考点 P_{18} 的这一临界角度。

（3）护踝辅助力

通过应用具有一定弹性的材料可约束足踝 ROM，不限制肢体的正常活动，且能在有效的范围内提供一定的辅助力，对肌肉、韧带、关节等起到正向调整作用。足踝运动当中，由于重力作用，例如在步态的摆动相，足部韧带受力，并且在长时间反复运动的过程中，肌肉产生疲劳，通过护具辅助力可抵消部分肌肉主动作用力，在一定程度上能够维持足正向调整。为平衡足部重力产生的力矩，选择相关参数的材料，设定辅助力 T_{Pf} 的大小，假设足的质量为 G_f，质心为 C_f，则可以测量出点 C_f 位置及 C_f 到 O 的水平尺寸 L_{Cf}，如图 6-16 所示，一般状态下，以踝关节为中心，重力矩主要存在于矢状轴方向，根据力矩平衡公式（6-10）可求出维持足中立位状态的辅助拉力。

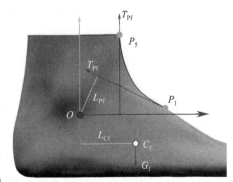

图 6-16 足重力矩

$$G_f L_{Cf} = T_{Pf} L_{Pf} \tag{6-10}$$

通过足踝部模型体积计算，标准模型足部骨骼体积 169580mm³，按照人体骨骼密度 0.001228g/mm³ 计算，质量为 208.2g；其他部分体积为 442200mm³，其他部分按人体肌肉密度（0.00112g/mm³）计算，质量为 495.3g。假设骨骼和肌肉是均匀的，通过软件分析确定质心位置，L_{Cf} 为 38.1mm，L_{Pf}（22.4mm）已知，根据足部质量 G_f 取 7N，可求得 T_{Pf} 为 12N。这里以 L_{Pf} 来计算，实际的辅助材料在皮肤表面，其附着点位置力臂大于 L_{Pf}，实际所需拉力小于计算值，这是在裸足的状况下计算得出的数据，在具体设计中，如果考虑穿着一定重量的鞋，则需要力的补偿。

结合弹性材料特性和相应的踝外部形态曲线变化特征，可对护具的相应位置处设定弹性材料具体形态及尺寸，在足踝运动过程中进一步产生形变，达到最大拉伸极限，限制足踝 ROM。踝外部形态变化的特征在第 4 章做了分析，伸屈时踝外部形态变化在前侧主要为点 P_1 到 P_5 的变化，在后侧主要为点 P_2 到 P_6 的变化（图 4-2），而内外翻的变化在内侧主要为点 P_7 到 P_{11}，在外侧主要为点 P_8 到 P_{12}，这是因为点 P_1 到 P_7 和 P_2 到 P_8 分别为胫骨和腓骨下端，其形态包括皮肤表面积在足踝运动过程中没有太大的变化（图 4-3 和图 4-5）。若选择宽度 1mm、弹性系数为 1cN/mm 的材料，最大伸长率为 60%，根据足踝伸屈尺寸变化（伸长量 50mm），在足前侧设置材料自由长度为 80mm，要产生 12N 的拉力，宽度需设置为 24mm，辅助跖屈状态下的外在肌合力 F_{pf}。足后侧跟腱产生的拉力 F_{Df} 较大，因此，跟腱辅助力并非特别重要，例如弹性护踝设计中提到，可以增加支撑材料限制跖屈角度。

由于踝关节周围韧带受损，可能会导致踝关节不稳定，出现频繁扭伤现象，经常形成从扭伤到不稳到再次扭伤的恶性循环，容易产生遗留问题，踝关节不稳也可能造成关节软骨的损伤。为了维持踝关节的稳定，可以从足底垂直向上施加一定的辅助拉力，在拉力作用下，关节紧致，在运动中起到较好的保护和支撑作用。同样，采用弹性材料设计一定的形态，使得弹性材料变形产生弹力，对应辅助内翻和外翻的外在肌力合力 F_{Iv} 和 F_{Ev}。根据测量数据统计得出内外翻分别为 20° 和 15° 时两侧可变化尺寸分别为 15mm，由于足踝伸屈运动时距骨轴线不固定，位于胫、腓骨下端的外部形态变化复杂，同时参照外侧副韧带尺

图 6-17　弹性材料辅助位置

寸，在内外踝处（图 6-17）设置材料相应的高度和宽度尺寸，当最大变形量小于足踝内、外翻时两侧变化尺寸，则会约束 ROM。具体产生的拉力大小可通过材料类型及其尺寸来计算，例如，辅助材料宽度 1mm、弹性系数为 1cN/mm，则 30mm 的宽度，最大变形量为 15mm 时，产生 4.5N 的伸缩拉力，可辅助内翻或外翻。同时，根据足底面到踝关节旋转中心的尺寸，可设置护具初始载荷，当初始载荷增加时，对 ROM 约束增大。

6.2.3　半刚性护踝设计

半刚性护踝的各个组成部件的形态尺寸等设计，要能够约束 ROM，但不要影响足踝在活动范围内的运动，需要充分考虑踝形态变化特征，同时，还要考

虑踝形态及其类型，特别对于护踝中的刚性部件，与人体接触的部位要考虑其尺寸类型的匹配与舒适性。

（1）踝护具的不对称形态特征

通过第 3 章踝尺寸测量统计得出内外踝尺寸有所不同，踝内外具有不对称特征，如图 6-18 所示，中立位状态下，沿矢状面分别做曲面 $P_1P_5P_{10}P_{12}$ 和 $P_2P_6P_{10}P_{12}$ 的对称曲面 $P_1P_5P'_{10}P'_{12}$ 和 $P_2P_6P'_{10}P'_{12}$，P_3 与 P'_4 的位置差即为内外踝突出点 P_3 和 P_4 的高度差和前后差，差异均值分别为 10.8mm 和 12.9mm，因此，在半刚性护踝设计中应充分考虑其尺寸及形态的差异性。

（2）基于踝形态变化的护具结构

第 4 章分析了曲面形态变化特征，对于半刚性护踝设计着重考虑其形态变化部分的收缩与扩张，明确面积变化较小的区域，即内侧主要为胫骨端所在区域，外侧主要为腓骨端所在区域，通过特征点可获得分界曲线，这条曲线确定了皮肤具体形变曲面，要充分考虑这一部分足踝运动的灵活和空间，可采用柔性材料或弹性材料，非形变曲面部位考虑固定件或刚性体的设计，结合前面角度约束和辅助力分析，确定半刚性护踝的功能结构组成，如图 6-19 所示，小腿区域和足部区域主要为固定件，附着于足部或小腿表面，起紧固护具的作用；踝部区域由可变形部件和不可变形部件组成半刚性体，不可变形部件上、下分别通过拉力辅助等不同形式与足部区域和小腿区域连接，使护具形成一体。

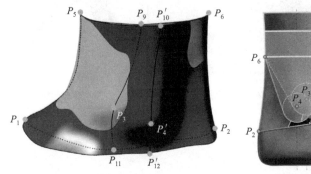

图 6-18 踝形态不对称特征

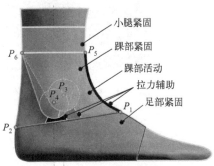

图 6-19 半刚性护踝功能结构

（3）半刚性护踝设计案例与尺寸类型

综合上述分析，设计一款半刚性护踝，如图 6-20 所示，件 1 为足部固定件，可使护具能够固定于足部，采用较硬质的材料，例如塑料或皮革等；件 2 为内外踝辅助拉力件，位于内外踝下端，与件 1 连接，采用 TPU 结合涤纶材料，可产生较大的弹性拉力；件3采用柔性材料，其尺寸变化符合踝形态变化区域的面积收缩与扩张；件4为护具的踝部固定件，分内和外两部分，联合件1和件2限制内外翻过度运动，采用强度较大的塑料，例如尼龙；件5是在小腿部位的固定件，可采用魔术贴等方式使整体护具固定，防止脱落或松动；件6是足跖屈位的辅助拉力件，为有效固定和受力，采用"8"字交叉的方法，如图6-21所示，通过两条绷带的夹角、固定位置间尺寸，以及拉力 T_{Pf} 可计算绷带的具体宽度，如前所述正向调节足踝运动，材料与件2相同；件7采用魔术贴方式调整足部空间，使件1更加紧固于足部。

护具需匹配于足踝形态尺寸及其类型，由于已有大量研究不同地区人群的足部尺寸及分类，在此不做讨论，按照前面章节论述，踝形态按照特征尺寸类型划分为10类，因此，半刚性护具相应具有10个尺寸类型，为满足个性需求，采用诸如件7的方式，在每个类型空间范围内，调整满足更多人群的需求尺寸。

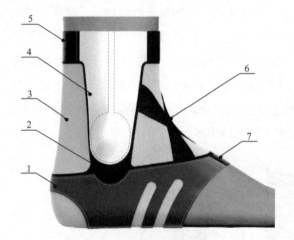

图 6-20　半刚性护踝设计案例

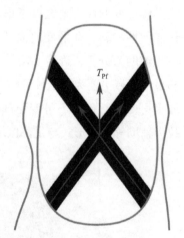

图 6-21　"8"字绷带拉力

第 7 章
踝护具关键参数
实验测试与用户体验

　　本章通过实验测试踝护具的关键参数，验证考虑舒适性压力的弹性护踝和关节角度约束的半刚性护踝设计效果，关键参数包括：弹性材料附着于足踝形态表面所产生的最大压力、佩戴护具的踝关节角度、足底压力分布以及外在肌肉肌力。快速制作足踝围线方向的切片原型，采用不同尺寸和弹性系数的材料，测试相应位置压力与理论计算结果的一致性；借助动作捕捉系统、足底压力测试仪及表面肌电信号采集设备，获取足踝无护具条件和有护具条件下足着落于斜面上的关节角度、足底压力分布和肌电信号等数据，通过客观测试方法判断护具设计效果；最后，通过用户佩戴护具体验，以量化的形式评估两种护具及其组合使用过程中的舒适性。

7.1 弹性护踝压力测试与分析

7.1.1 足踝围线方向的切片模型

　　第 6 章分析了弹性织物映射于足踝形态上的理论模型，分析得出主要受压点在人体骨骼和肌腱位置，足踝形态数据是在站立状态下获取的，站立时肌腱处于受力状态，因此，肌腱形变小，形态模型认为是刚体，以此构建弹性织物的形态。为了检测曲线上位置点压力，通过快速成型制作了足踝围线方向特征曲线对应的硬质材料切片模型，采用拉伸量较大的橡胶圈套合在切片模型表面，模拟足踝处于受力状态下的弹性织物形态。如图 7-1 所示，曲线 u^*_{25} 和 u^*_{34} 理论模型与织物实际形成的形态曲线一致。

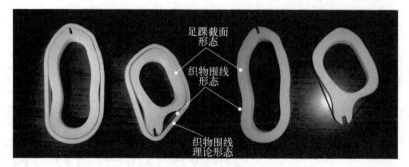

图 7-1　弹性织物曲线

7.1.2 弹性织物压力测试方法

本部分研究选择织物特征曲线上具有代表性的位置对织物压力进行检测，即两个最大压力位置及其所在的两个特征曲线 u^*_{25} 和 u^*_{34} 上相对曲率较大的位置，从图 6-6 可获得位置为 u^*_{25} 的型值点 $p^*_{25,0}$ 和 $p^*_{25,30}$，u^*_{34} 上的型值点 $p^*_{34,0}$、$p^*_{34,12}$、$p^*_{34,36}$ 和 $p^*_{34,50}$。具体的检测原理如图 7-2 所示，取与所测点 $P^*_{(x)}$ 切线平行的单位长度的弦线 $P^*_{(a)}P^*_{(b)}$，则在 $P^*_{(a)}$ 和 $P^*_{(b)}$ 点处的拉伸力为 F，通过张力计可测量出该单位弦长线上由 F 产生的压力 F_P，同时，拉伸力 F 可测量得出。具体实验设置和方法如下。

① 如上所述，在足踝围线方向切片模型对应测量的型值点位置切割单位弦长的缺口，并制作出弧线 $P^*_{(a)}P^*_{(x)}P^*_{(b)}$，选择不同特性的弹性织物，套合在切片模型表面，图 7-3 为检测位置缺口的形状设计，为了保证测量精度要求，图 7-4 为激光切割制作的切片模型。

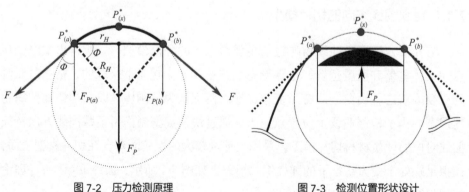

图 7-2　压力检测原理　　　　　　图 7-3　检测位置形状设计

② 保持弧线 $P^*_{(a)} P^*_{(x)} P^*_{(b)}$ 位于切片模型缺口的正确位置，通过张力计测量织物对于弧线 $P^*_{(a)} P^*_{(x)} P^*_{(b)}$ 的张力，即对单位长度的弦上的压力，图 7-5 为使用的张力计。

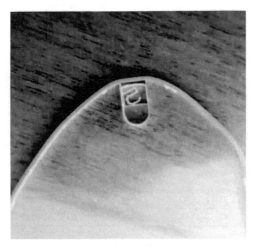

图 7-4　激光切割模型

图 7-5　张力计

③ 测量织物从自由长度到切片模型围长变化产生的拉伸力 F。

通过以上方法，检测出 F 与压力 F_P 之间的关系，由于拉伸力 F 由弹性材料产生，因此，可以获得压力 F_P 与弹性材料拉伸量、弹性系数及形成的曲率半径的关系。

7.1.3　测试数据与结果分析

型值点的曲率半径为 R_H，模型切片的厚度为 1 个单位，弦线 $P^*_{(a)} P^*_{(b)}$ 长为 1 个单位，因此，测得的张力 F_P 即为压强，根据图 7-2 中的几何关系，也可推导出拉普拉斯公式：

$$P_H = \frac{F_P}{2r_H} = \frac{2F\cos\Phi}{2R_H\cos\Phi} = \frac{F}{R_H} \qquad (7\text{-}1)$$

这里选择三种不同弹性系数的乳胶材料，通过实际测量标准模型的特征曲线 u^*_{25}，即围线 Lu^*_{25} 为 310mm，型值点 $p^*_{25,0}$ 和 $p^*_{5,30}$ 在不同材料及形变（形变量为 Δl）下的拉伸力 F 与单位压力如表 7-1 所示，同样，测得曲线 u^*_{25}（Lu^*_{34} 为 246mm）的型值点 $p^*_{34,0}$、$p^*_{34,12}$、$p^*_{34,36}$ 和 $p^*_{34,50}$ 的相关数据如表 7-2 所示。

表 7-1 曲线 u^*_{25} 上型点压力测量

材料	材料1			材料2			材料3		
自由长度X/mm	148	168	188	148	168	188	148	168	188
拉伸形变量Δl/mm	162	142	122	162	142	122	162	142	122
拉伸力F/cN	47.6	41.6	36.0	24.2	21.3	18.3	4.8	4.2	3.6
$F(p^*_{25,0})$压力/cN	3.12	2.60	2.16	1.54	1.36	1.18	0.32	0.25	0.21
$F(p^*_{25,30})$压力/cN	2.12	1.60	1.40	0.98	0.85	0.70	0.20	0.16	0.15

表 7-2 曲线 u^*_{34} 上型点压力测量

材料	材料1			材料2			材料3		
自由长度X/mm	148	168	188	148	168	188	148	168	188
拉伸形变量Δl/mm	98	78	58	98	78	58	98	78	58
拉伸力F/cN	30.4	24.8	19	14.8	11.8	8.8	3.1	2.5	1.9
$F(p^*_{34,0})$压力/cN	2.40	1.92	1.40	1.16	0.88	0.68	0.23	0.19	0.14
$F(p^*_{34,12})$压力/cN	2.20	1.72	1.20	1.06	0.78	0.61	0.21	0.17	0.12
$F(p^*_{34,36})$压力/cN	3.52	2.92	2.32	1.72	1.42	1.13	0.37	0.29	0.21
$F(p^*_{34,50})$压力/cN	1.88	1.44	1.04	0.83	0.67	0.53	0.18	0.15	0.11

从表 7-1 和表 7-2 中可以得出材料 1、材料 2 和材料 3 的平均弹性系数分别为 0.306cN/mm、0.151cN/mm 和 0.031cN/mm，其与理论计算时假设的弹性系数（E 为 0.1cN/mm）的比值分别约为 3 倍、1.5 倍和 0.3 倍，测量得到对应的各型值点压力也具有强相关性。对于自由长度为 168mm 的情况，对应的型值点 $p^*_{25,0}$ 单位平方毫米上的压力分别为 2.6cN、1.36cN 和 0.25cN，而对应的型值点 $p^*_{34,36}$ 单位平方毫米上的压力分别为 2.92cN、1.42cN 和 0.29cN，其差异主要源于材料在不同伸长量下的非线性变化导致，若按照实际测量的弹性系数来计算，则理论所得到的数据与实际测量数据一致。

7.1.4 弹性护踝的主观评价

舒适性是衡量佩戴产品的一个重要指标，主观评测法是舒适性最直观的评测方法。关于舒适和不适理论，有的研究解释为一个连续体中的两个极端，也有的认为是两个具有不同因素的集合，但普遍认为舒适或不适是一种主观感觉，受各种生理、心理等因素的影响，同时舒适和不适是对环境或产品的一种反应。一些研究人员将舒适概念化为两种离散状态：舒适存在和舒适缺失，那么舒适就被定义为不存在不舒适，反之亦然。这意味着舒适性不一定会产生积极影响，所以设计师的最终目标是达到消除不舒适状况，例如用户对座椅使用的过程不会因为不舒适而感觉受到座椅的影响。一部分研究人员认为舒适和不适是对立的两端，具有连续等级，从极度不适到中等状态再到极度舒适。这是由于人们经常会自然主观性地对从极端积极到极端消极的过程进行等级区分，分级量表是按照这种原则用于评估产品舒适性设计。还有一些研究人员认为舒适和不适是两个独立的概念，且其各自都有连续等级，研究表明舒适和不适明显受到不同变量的影响。通过对舒适和不舒适相关因素的等级量表评价，对舒适性打分高的产品仅仅与对不舒适性打分低的产品相关，对不舒适性打分低并不能说明其舒适性高，舒适度评分随着不舒适度评分的增加而急剧下降，这表明当存在不舒适因素时，不舒适因素在舒适和不适感知中具有主导作用，而舒适处于次要地位。

弹性护踝要提供一定压力才能产生效果，因此，对弹性护踝的主观评价主要在于避免或消除压力产生的不适甚至过大压力带来的疼痛感，本部分研究采用层叠加压的方式测量不同足踝尺寸用户对弹性护踝压力不适的体验，从而对弹性护踝做出评价。具体通过以下方法和步骤完成：

① 单元弹性织物护具制作。选择单位宽度弹性系数 0.02cN/mm 的材料，制作围长为 168mm 的护具，作为一个单元弹性织物护具，制作数量为 10 个，通过单元弹性护具的层叠累加，压力相应增大，10 个数量的叠加可以达到相当于弹性系数 0.2cN/mm 的护具。

② 随机选择 8 位测试者，每位测试者没有足部疾病，在精神状态良好的状态下，逐个穿戴制作的单元护具，保持 20 分钟以上的站立或行走状态，记录在站立姿势下具有不适压力感产生的单元护具层叠数量，并标记不适感的位置。

③ 测量测试者足踝尺寸，主要测量测试者穿戴织物下感觉不适位置的围线尺寸。

最终测试统计如表 7-3 所示，舒适或不舒适量级评分的方法是，在产品明确的属性下，对舒适或不舒适量级评分，本研究则是在既定的主观感觉下，评判产品应具有的属性。

表 7-3 弹性护踝压力主观评价

测试者	层叠数量	主要不适位置	对应围长尺寸/mm
测试者 01	6	$p^*_{25,0}$ 和 $p^*_{25,65}$	$Lu^*_{25}=302$，$Lu^*_{34}=230$
测试者 02	5	$p^*_{25,0}$、$p^*_{25,65}$ 和 $p^*_{34,35}$	$Lu^*_{25}=318$，$Lu^*_{34}=252$
测试者 03	7	$p^*_{25,0}$	$Lu^*_{25}=280$，$Lu^*_{34}=215$
测试者 04	7	$p^*_{25,0}$	$Lu^*_{25}=273$，$Lu^*_{34}=210$
测试者 05	6	$p^*_{25,0}$	$Lu^*_{25}=300$，$Lu^*_{34}=240$
测试者 06	7	$p^*_{25,0}$	$Lu^*_{25}=290$，$Lu^*_{34}=225$
测试者 07	4	$p^*_{25,0}$ 和 $p^*_{34,35}$	$Lu^*_{25}=343$，$Lu^*_{34}=266$
测试者 08	4	$p^*_{25,0}$ 和 $p^*_{34,35}$	$Lu^*_{25}=347$，$Lu^*_{34}=261$

从表 7-3 中分析可得，感觉不适的主要位置在胫骨前肌腱处，部分感觉跟腱不适，但感觉不明显，这可能是由于人体不同部位对刺激信号大小的感知不同。引起不适的护踝围线尺寸整体略大于计算尺寸，可能由于穿戴时间较短所致，测试者普遍认为在这种临界状态下，若穿戴一天时间可能会使不适感加强。

7.2 半刚性护踝设计分析与测试实验

足踝损伤机制表明，足在着地过程中，特别是在斜面着地时，踝关节受到外力作用引起突然变化，产生过大的关节角度力矩，从而使 ROM 扩大，造成韧带拉伤，同时在这一过程中内部外翻肌产生对抗力矩，半刚性足踝护具设计的目的是通过自身结构和形态，附着于足踝部位，从而约束人体足踝在运动过程中的 ROM。本部分研究通过有限元分析及测试实验，结合动作捕捉、表面肌电信号和足底压力技术，分析踝关节佩戴护具和无护具条件下着地运动的 ROM 的角度值、外翻肌电信号以及足底压力分布，检验半刚性护具设计的有效性。

7.2.1 半刚性护踝有限元分析

（1）足踝及护具有限元模型

通过有限元仿真分析的方法研究半刚性护踝设计的效果，是将护具及足踝作为一个整体，在施加一定外力作用下，分析护具及足踝应力应变分布情况，为护具设计提供参考依据。前面已经建立了足踝骨骼、肌肉、部分主要韧带以及半刚性护踝设计的模型，模型的准确性决定分析的有效性，但是模型的简化则能降低模型的复杂度，节省建模和运算的时间。半刚性护踝主要是通过限制关节角度，根据这一特征，将足踝骨骼分为两个部分，即胫骨和腓骨为一部分，其他骨骼为一个部分，每个部分中骨骼认为是相对固定的，两个部分之间通过韧带和肌肉等软组织连接，由于护具没有涉及趾骨部位，因此趾骨未设置在内，另外，在足踝外轮廓增加 1.5mm 厚的皮肤层。

假设腿部皮肤、软组织、骨骼均为各向同性均匀的线弹性材料，在有限元划分网格之前，首先设置网格的单元类型、材料属性。在本研究中，材料属性是指护具零部件，以及足踝中包括骨骼、软组织和皮肤在内的所有组织的弹性模量和泊松比。根据 Hendriks 和 Lizee 等人的研究，骨骼材料参数依据皮质骨和松质骨的所占体积比，定义弹性模量为 7300MPa，泊松比为 0.3；软组织弹性模量为60kPa，泊松比为0.49；皮肤弹性模量为150kPa，泊松比为0.46。

按照护具设计构思，在足踝关节处于临界角度位置下发挥作用，因此，本研究主要分析护具及足踝在内翻角度下的应力应变情况，护具及足踝形态如图7-6所示，护具小腿至踝部以及足部的固定件材料选择ABS塑料，弹性模量为2200MPa，泊松比为0.39；辅助力拉伸材料处于极限拉伸状态，其与骨骼贴合，被认为具有骨骼材料属性；护具中柔性材料与皮肤接触，为减少计算，以皮肤来代替。

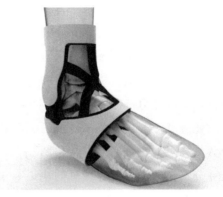

图7-6　护具及足踝模型

对以上骨骼、软组织及护具零部件设置单元类型并赋予材料属性，并对各部分进行三角形网格划分，划分的结果：护具部分为33831个单元和8013个节点，软组织为11908个单元和2475个节点，骨骼为287142个单元和67116个节点，如图7-7所示。

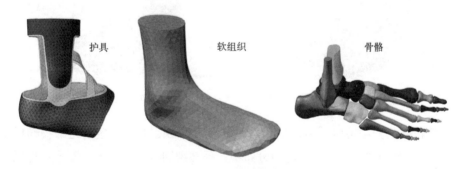

护具　　　　　　　软组织　　　　　　　骨骼

图7-7　有限元模型网格划分

（2）边界条件设置与结果分析

设定皮肤组织与软骨组织之间的接触条件为皮肤完全附着于软组织，忽略两者之间的可能存在的力学关系，护具件以较大的压力附着于皮肤表面；足第5趾骨突出点到足跟外侧点着地，受到地面反作用力，设胫、腓骨固定，其他骨骼以距下关节轴做旋转运动，假设人体重量 G_{body} 为700N，足踝过度内翻临界角度位置之后5°为韧带拉伤风险，即第5趾骨突出点和足跟外侧点有向内侧5mm

的位移，如图 7-8 所示，根据前面测量的足踝旋转中心到地面的距离，按照力矩转化成水平方向的外力 F_H 约为 70N，以线分布载荷方式加于足第 5 趾骨突出点到足跟外侧点之间，模拟足踝和护具在不同外力作用下的受力情况，通过 ANSYS（ANSYS，Inc，USA）有限元分析，图 7-9 和图 7-10 分别显示了足踝和护具的应力及位移云图。

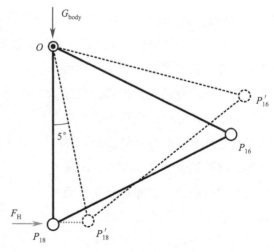

图 7-8　踝关节过度内翻 5°

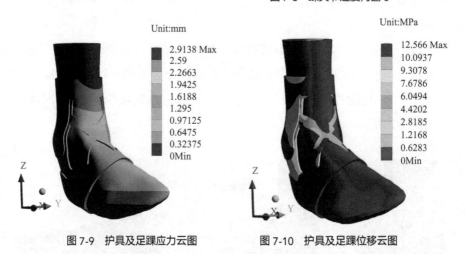

图 7-9　护具及足踝应力云图　　　图 7-10　护具及足踝位移云图

从位移云图中可以看出，足部最大位移约 3mm，其在设定的足踝损伤风险的 5mm 的范围之内。在护具应力分布中，外部踝固定件以及足、踝连接件局部位置产生的应力较大，但都在相应的材料允许范围之内，也是就说，这种条件下不会对护具本身产生破坏。

7.2.2 半刚性护踝测试实验

（1）半刚性护踝快速原型

按照上一章节的半刚性护踝设计，通过快速成型制作护具踝部以及足部的固定件，踝部和足部之间的连接采用 30mm 宽的弹性绷带，其伸长率为 100%，弹性系数为30cN/mm。设置踝部和足部连接位置之间的尺寸为10mm，则辅助材料产生最大变形尺寸为15mm，在足踝内外翻时两侧变化尺寸之内约束ROM。足跖屈位的"8"字辅助拉力件采用同样材料，自由长度为65mm，在跖屈极限时伸长量为65mm，产生接近20N的伸缩拉力，辅助足跖屈位正向调节。限于加工技术，采用手工的方式制作，图7-11为自然状态下半刚性护踝形态，图7-12为穿戴效果。

图7-11　半刚性护具原型

图7-12　护具穿戴效果

（2）实验装置与设置

① 着地平台装置设计　为了模拟足着落于倾斜地面，设计如图7-13（a）所示的平台，平台分为左（件2）和右（件3）两个部分，这两个部分之间通过铰链连接，左、右平台分别在件1和件4的支撑下处于水平状态，当去除件3或件4时，如图7-13（b）所示，对应的平台可以分别沿着铰链转动到一定角度。人体站在平台上，双足分别处于左、右部分，通过将一侧平台突然转动到一定倾斜角度，模拟足着落于斜面的状态。

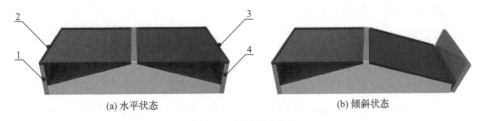

（a）水平状态　　　　　　　　　（b）倾斜状态

图7-13　着地平台设计

② 样本选择　本实验选择 6 名健康且积极运动的在校大学生，其中男性和女性各 3 名，受试者无任何重大下肢损伤，在测试之前无各类踝关节损伤史。平均年龄 22.8 岁，平均身高 1.69m，平均体重 63.5kg。

③ 实验方法　要求测试者头戴耳机且目视前方，在设计制作的平台上做原地踏步，然后随机地将平台变为斜面，如图 7-14 所示，斜面角度在安全的范围内（实验选择倾斜 15°），在实验平台周围做好防护装置，通过动作捕捉（Neuron 动作捕捉系统）、足底压力（JSP-C5 足底压力测量系统）和肌电信号技术（ErgoLAB EMG）采集设备，分别获取测试者佩戴护具和无护具条件下的足踝运动角度、足底压力分布及腓骨长肌肌电信号数据。

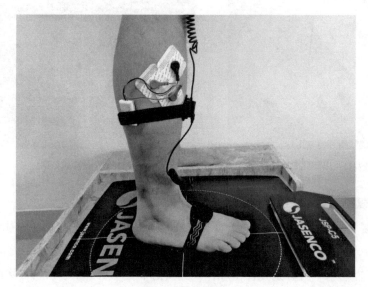

图 7-14　测试方法

（3）实验结果与分析

从产生足压的时刻开始计时，采集足踝运动角度、足底压力分布及腓骨长肌肌电信号数据，结果如下。

① 足踝运动角度　动作捕捉无护具和有护具条件下的足运动角度变化，如图 7-15 所示，起始接触地面时，两种条件下都有 5° 左右的外翻角度，经过约 0.5s 的时间，产生较大内翻角度，无护具条件下最大角度为 27°，产生最大内翻角度后迅速向外旋转，随后达到倾斜面角度；有护具条件下内翻最大角度约为 15°，与倾斜的地面角度保持一致。

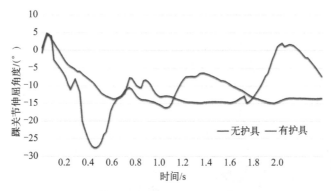

图 7-15 足斜面着地内翻角度

② 腓骨长肌肌电信号 足着落倾斜地面的过程中，对腓骨长肌产生的肌电信号做归一化处理，如图 7-16 和图 7-17 所示分别为无护具和有护具条件下的肌电信号数据，大约在 0.5s 的时间，即踝关节产生最大内翻角度时，腓骨长肌被激活，此时无护具条件下的信号强于有护具条件时的信号，随后无护具条件下腓骨长肌肌力逐渐减小，而有护具条件下腓骨长肌肌力逐渐活跃。

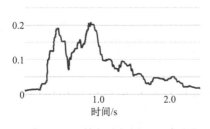

图 7-16 无护具时腓骨长肌肌电信号

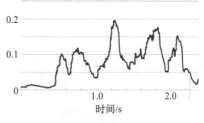

图 7-17 有护具时腓骨长肌肌电信号

③ 足底压力分布 无护具条件下足着落于倾斜面，在踝关节内翻最大角度时，压力分布主要集中于足底的前部外侧，如图 7-18 所示，在有护具的条件下，足底压力分布相对偏向于足底中部，但与正常在水平面上行走的步姿足底压力对比，其分布还是偏向于足底外侧。在足着落的过程中，两种条件下足底压力中心变化如图 7-19 所示，通过足底压力分布及压力中心变化可以看出，足着落于倾斜的地面时，压力会发生偏移，如果身体重力保持垂直向下，则当压力分布越趋于足外侧时，越容易达到如第 5 章所述的临界角度，其力矩也会相应增大，增加了损伤的风险，本实验确保测试者安全，因此限定在一定的角度范围内。

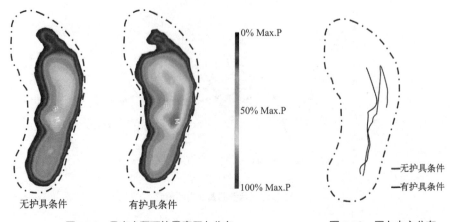

			0% Max.P
无护具条件	有护具条件		50% Max.P
			100% Max.P

图 7-18　最大内翻下的足底压力分布　　　　图 7-19　压力中心分布

（4）实验测试结论

　　通过以上实验，有护具与无护具条件下的足踝运动角度在斜面着地的过程中，有护具的足踝运动的内、外翻角度范围为 20°，无护具的角度范围为 32°，有护具时最大内翻角度明显小于无护具时，且没有突然的内翻动作，说明护具对足踝关节具有约束。在相关研究中，例如佩戴半刚性踝关节护具在 0.45m 高度着落于 25° 倾斜面时对最大内翻角度有一定约束，本研究实验条件有所不同，但结论与其一致；在足着落于斜面的过程中，佩戴护具时腓骨长肌肌电信号极值出现的时间点相对于无护具时要滞后，且由于足踝关节角度变化较小，其肌电信号相对较弱，也就是说在足内翻后，腓骨长肌被激活产生外翻力的时间晚于无佩戴护具时，从侧面说明护具起到一定作用，但这种情况是否有利于踝关节防护有待进一步验证；然而足落地后，足底压力分布位置发生变化，佩戴护具的情况下，压力更趋于足中心位置，而无护具的情况下压力趋于足底外侧，并且在护具的作用下是有助于足落于斜面时足底压力的合理分布的。综上所述，说明佩戴护具对于足在一定角度的斜面着地过程中，能够起到保护作用。

7.2.3　半刚性护踝的主观评价

　　在第 4 章将踝形态分为 10 个类型，本节将以 Ⅱ（M）∪①* 类型为典型案例进行主观舒适性评价。选择适当的用户类型，佩戴设计产品，通过用户体验，分别以下面两种方式对设计的半刚性护踝舒适性进行评估。

（1）穿戴体验评价

　　寻找 10 位测试者，5 位为 Ⅱ（M）∪①* 类型的踝和 5 位非该踝类型的测试者，穿戴制作的产品，使用1个小时以上，其中走路30分钟、跑步10分钟和一些其他动作，例如伸蹲、侧滑等，采用5阶李克特量表法，以最终的打分高低来判断舒适性效果，对舒适性分为5档，1分表示不舒适到5分表示很舒适，统计结果显示5位Ⅱ（M）∪①*类型踝的打分总分为21分，而5位非该踝类型的人打分总分为14分。之后，通过询问打分较低的测试者，在5位非该踝类型的测试者中，有两人表示护具整体尺寸较大，测试者足部尺寸小，可以通过内部柔性材料或穿着一定厚度的袜子加以补偿，但是由于测试者踝高度尺寸较小，护具固定于小腿最小围上方处较高的位置，在运动中没有足够的压力固定会下滑，若压力过大则会引起不适；另有两名测试者因为足部尺寸大，即使足部件在一定范围内调节，也不能减小整体对足部产生的压力带来的不适感。

（2）对比评价

同样的5位Ⅱ（M）∪①*类型踝的人，左右脚同时穿戴市场上的某款类似产品和设计的产品，对于左或右脚穿戴哪个产品随机选择，穿戴1个小时以上，与方法（1）动作相同。以询问用户的方式对其舒适性进行评估，其中有三位认为设计的产品舒适性高，主要原因在于本设计为一体化的，穿戴方便且相对轻便，并且踝部与足部连接为弹性材料，对足踝内翻运动产生的影响较小；另外两位测试者认为两款产品没太大的区别。

7.3 足踝护具的组合使用

弹性护踝和半刚性护踝结合使用，既可以提供压力又可以约束足踝关节的活动范围，市场上不乏这类产品，多数分为两个部分，需要独立操作才能完成穿戴，且操作过程复杂，本研究尝试将弹性护踝设置为伸缩范围小的弹性材料，与半刚性护具结合为一体，既方便操作又能达到两者的功能，具体连接形式如图7-20所示，其中缝纫线连接的位置尽量保证材料弹性形变，避免对产生的压力有较大影响。同样，通过用户体验，组合使用过程中，对两种护具的评价与单独使用评价一致，也就是说，组合使用并不影响两者的效果。

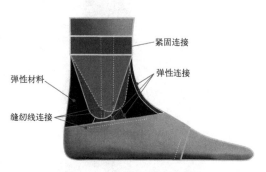

图7-20 半刚性护踝设计案例

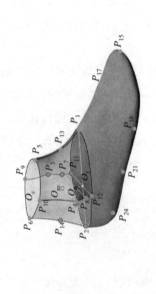

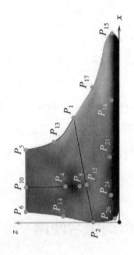

序号	No.001	No.002	No.003	No.004	No.005	No.006	No.007	No.008	No.009	No.010
性别	男	男	男	男	男	男	男	男	男	男
年龄/岁	21	22	21	20	22	21	22	21	22	20
身高/mm	1800	1710	1760	1830	1730	1750	1750	1650	1840	1790
体重/kg	68	67	69	57	60	60	62	57	64	60
P_1P_2	133.8	130.4	116.1	134.0	135.3	130.3	137.5	128.8	135.8	138.5
O_mP_2	58.4	53.8	59.7	59.1	58.2	56.8	52.2	55.0	56.0	52.7
P_1P_2z	21.3	27.0	26.7	20.2	19.0	18.3	10.3	18.2	12.8	12.7
$P_{11}P_{12}$	59.3	51.0	57.9	52.2	56.9	51.6	56.4	50.9	56.6	52.8
GP_1P_2	324.7	312.1	293.4	315.9	319.1	315.0	324.8	307.9	322.4	327.1
P_5P_6	82.9	72.2	80.2	73.2	80.1	76.4	77.5	69.2	77.9	75.1
O_cP_6	47.0	40.6	45.3	43.0	47.3	50.4	45.4	42.6	45.6	42.2
P_9P_{10}	68.9	61.2	68.6	62.2	62.0	64.3	63.4	61.5	65.2	59.7
GP_5P_6	218.5	195.5	212.5	197.6	214.7	204.8	209.3	188.6	208.3	204.6
P_3P_4	77.7	68.8	73.2	70.6	71.9	74.9	74.3	68.5	74.9	72.2
P_3P_4x	10.9	14.4	11.8	15.4	8.7	11.3	16.1	10.6	18.5	9.1
P_3P_4z	8.8	9.2	8.2	8.6	9.4	8.4	9.2	12.2	10.4	10.6
GP_3P_4	278.7	253.1	259.5	252.5	258.1	258.1	260.6	245.1	253.6	262.1
Oz	61.8	58.4	61.1	58.2	60.7	63.2	58.1	55.2	69.4	56.9
O_mO+OO_f	71.7	79.4	65.3	78.9	69.3	80.3	73.7	78.2	76.1	83.8
O_mO_c	49.1	50.5	42.6	52.4	42.9	51.3	49.5	52.6	44.1	55.9
$P_{16}P_{18}y$	97.9	93.0	88.4	81.7	87.5	89.5	85.6	85.1	91.6	84.3
$P_2P_{15}x$	259.3	232.5	249.0	245.7	248.7	244.3	238.7	226.9	261.8	248.6
$P_2P_{16}x$	186.5	162.3	185.0	179.0	179.8	177.8	173.9	157.8	182.4	165.7
$P_2P_{18}x$	164.5	141.4	137.5	149.2	144.8	144.9	130.6	130.7	155.3	147.5
$P_2P_{23}x$	35.2	31.4	31.6	43.3	27.6	38.6	27.1	26.3	30.2	35.6
$P_{23}P_{24}y$	67.9	62.0	61.7	59.5	56.9	59.9	56.8	57.4	60.4	60.2
$GP_{13}P_{26}$	335.3	316.0	315.2	317.2	316.3	315.9	308.0	301.1	328.2	313.9
GP_1P_{22}	253.4	234.9	245.1	216.5	232.1	232.4	235.9	226.3	239.7	225.5
$GP_{16}P_{18}$	252.2	233.1	241.7	212.9	227.3	230.9	224.4	222.5	236.6	216.4

序号	No.011	No.012	No.013	No.014	No.015	No.016	No.017	No.018	No.019	No.020
性别	男	男	男	男	男	男	男	男	男	男
年龄/岁	22	19	19	21	22	23	20	21	23	22
身高/mm	1700	1780	1660	1750	1680	1710	1680	1810	1780	1650
体重/kg	80	58	51	60	52	64	65	65	55	65
P_1P_2	135.6	122.8	121.4	137.7	113.5	115.8	123.1	136.6	140.4	134.9
O_mP_2	56.9	53.8	56.8	59.1	57.0	56.7	56.6	51.5	57.8	55.0
P_1P_2z	10.4	16.5	30.0	13.8	22.9	25.9	24.0	21.9	19.3	11.9
$P_{11}P_{12}$	63.6	47.1	49.4	55.0	51.1	51.0	61.8	57.1	57.5	61.5
GP_1P_2	324.8	299.0	292.4	327.9	281.0	286.6	302.0	331.3	330.8	325.7
P_5P_6	84.7	70.7	70.0	70.9	74.0	74.1	80.8	79.8	77.9	79.1
O_cP_6	49.8	43.7	42.3	37.2	45.9	45.1	47.9	39.9	45.8	42.6
P_9P_{10}	67.3	65.0	59.4	65.7	62.0	60.9	64.9	61.4	64.4	64.0
GP_5P_6	241.0	184.3	187.8	197.9	197.5	197.8	222.3	214.0	212.5	226.5
P_3P_4	71.2	70.6	70.1	73.7	72.0	71.1	76.1	75.2	77.1	72.8
P_3P_4x	9.6	22.5	7.4	10.7	11.1	8.6	14.8	8.5	13.1	11.2
P_3P_4z	12.8	8.4	17.6	6.4	13.0	10.8	12.6	8.4	10.6	13.4
GP_3P_4	261.9	246.4	247.4	251.3	243.8	243.0	262.3	265.0	260.8	253.7
Oz	63.5	59.7	60.0	57.9	62.8	60.6	59.6	66.5	65.0	61.8
O_mO+OO_f	67.7	83.4	75.2	75.2	70.2	72.7	66.5	82.9	83.1	67.6
O_mO_c	42.0	57.4	48.5	51.1	43.8	43.0	42.9	53.6	55.8	41.0
$P_{16}P_{18}y$	87.1	87.5	83.9	90.0	81.2	84.6	91.0	95.8	87.7	92.8
$P_2P_{15}x$	244.1	246.1	231.1	260.4	229.7	227.2	241.4	257.1	263.2	243.1
$P_2P_{16}x$	162.7	184.0	157.0	192.0	162.8	160.4	156.8	187.8	190.2	170.8
$P_2P_{18}x$	143.6	141.6	132.8	148.6	120.6	131.5	137.2	153.1	153.8	139.8
$P_2P_{23}x$	33.2	31.8	32.4	41.4	36.5	33.5	38.3	38.0	23.5	31.7
$P_{23}P_{24}y$	61.2	58.4	60.4	64.2	56.2	56.7	60.0	62.6	59.7	63.5
$GP_{13}P_{26}$	323.8	302.5	298.4	324.8	301.7	299.3	311.0	339.9	322.3	321.9
GP_1P_{22}	235.3	239.9	228.0	242.3	229.5	230.5	240.8	255.5	229.1	242.3
$GP_{16}P_{18}$	232.6	235.4	223.4	237.5	223.3	227.1	235.5	248.9	227.7	240.7

序号	No.021	No.022	No.023	No.024	No.025	No.026	No.027	No.028	No.029	No.030
性别	男	男	男	男	男	男	男	男	男	男
年龄/岁	23	21	22	23	23	22	23	23	23	24
身高/mm	1830	1790	1700	1800	1700	1750	1650	1660	1750	1720
体重/kg	85	89	75	73	60	59	53	62	60	52
P_1P_2	130.5	130.3	137.0	125.2	128.9	123.0	118.4	123.4	135.8	134.4
O_mP_2	55.9	61.6	67.5	64.3	59.7	49.4	52.7	56.2	58.2	59.5
P_1P_2z	21.4	28.7	30.8	20.5	19.4	19.1	12.7	20.3	18.6	21.3
$P_{11}P_{12}$	69.4	59.8	64.8	57.3	58.7	53.4	47.3	60.5	53.3	55.5
GP_1P_2	320.1	323.2	336.0	306.2	313.0	297.5	283.3	302.6	323.6	324.7
P_5P_6	88.9	85.3	89.8	78.3	83.2	72.3	69.2	79.7	78.5	74.0
O_cP_6	46.6	48.7	52.4	47.1	47.4	35.1	38.9	40.4	46.9	46.8
P_9P_{10}	74.1	66.2	71.0	66.8	62.5	65.0	59.2	64.6	63.3	64.5
GP_5P_6	250.4	231.3	242.5	213.3	223.1	198.1	182.7	226.0	206.8	201.1
P_3P_4	81.7	76.1	81.3	75.6	72.0	68.5	64.9	71.3	73.7	75.6
P_3P_4x	9.1	4.6	12.0	8.0	8.1	21.0	13.7	11.8	16.5	8.4
P_3P_4z	16.4	10.8	12.8	10.6	8.2	9.0	10.4	8.2	9.2	9.8
GP_3P_4	275.3	270.1	272.5	263.3	259.0	239.4	222.2	253.1	256.5	259.3
Oz	73.8	67.7	66.1	61.3	60.7	62.5	59.9	67.9	60.4	58.8
O_mO+OO_f	55.5	77.4	67.8	75.2	70.0	78.9	67.5	66.9	82.3	79.7
O_mO_c	35.9	48.0	41.1	53.8	45.6	51.2	43.5	41.2	51.9	48.4
$P_{16}P_{18}y$	96.3	95.5	95.0	95.0	91.5	80.9	83.4	94.3	89.6	86.5
$P_2P_{15}x$	254.4	240.9	247.2	244.5	243.0	240.4	230.2	241.3	249.9	243.5
$P_2P_{16}x$	190.4	173.4	175.4	179.2	170.5	169.6	163.7	158.7	178.7	165.5
$P_2P_{18}x$	143.0	141.7	129.8	158.3	129.3	133.6	130.0	133.2	136.6	140.4
$P_2P_{23}x$	36.5	47.5	37.3	28.7	42.6	37.5	31.5	46.8	39.1	34.8
$P_{23}P_{24}y$	66.2	60.5	72.4	60.5	59.8	57.5	58.6	62.8	63.9	58.7
$GP_{13}P_{26}$	350.9	346.4	352.6	321.8	318.9	308.2	299.3	331.1	316.5	314.7
GP_1P_{22}	265.2	257.9	276.2	242.8	246.6	223.9	225.2	253.7	238.3	230.6
$GP_{16}P_{18}$	256.3	254.8	268.1	232.0	240.2	215.8	220.3	246.7	233.6	224.2

序号	No.031	No.032	No.033	No.034	No.035	No.036	No.037	No.038	No.039	No.040
性别	男	男	男	男	男	男	男	男	男	男
年龄/岁	24	25	26	26	25	22	21	23	22	23
身高/mm	1760	1760	1830	1760	1740	1780	1740	1740	1720	1780
体重/kg	63	73	75	78	70	80	83	105	57	61
P_1P_2	138.3	127.7	131.6	130.1	131.8	137.8	129.5	133.5	134.8	122.6
O_mP_2	56.3	62.6	64.4	52.7	57.1	58.4	58.7	60.0	63.9	52.9
P_1P_2z	16.5	27.0	31.6	23.3	25.1	23.2	25.1	23.3	31.7	27.0
$P_{11}P_{12}$	55.6	59.4	59.6	61.5	63.8	63.6	61.6	66.9	73.9	53.8
GP_1P_2	325.2	314.0	319.9	316.6	323.4	315.1	327.1	342.4	297.6	315.0
P_5P_6	78.1	75.9	81.8	78.4	80.4	81.3	87.5	89.9	94.3	74.2
O_cP_6	43.5	46.4	48.0	41.1	45.2	45.9	48.1	49.6	52.3	40.4
P_9P_{10}	59.7	68.4	64.4	66.1	66.1	66.6	66.0	71.0	79.5	59.3
GP_5P_6	208.5	212.5	221.8	221.1	226.4	232.5	244.4	267.8	197.4	213.6
P_3P_4	71.2	74.7	72.4	73.5	75.2	74.8	77.2	81.1	69.5	78.8
P_3P_4x	14.8	11.6	17.4	12.6	15.2	13.5	11.9	14.8	6.4	13.8
P_3P_4z	8.6	9.6	9.4	9.0	12.6	12.2	10.6	14.4	10.2	9.2
GP_3P_4	254.6	255.7	251.4	261.8	270.2	268.9	267.2	274.7	302.6	241.3
Oz	64.4	58.6	73.3	68.3	72.8	65.7	59.3	61.4	54.1	59.6
O_mO+OO_f	82.5	70.9	77.9	69.5	72.0	76.4	73.0	63.7	57.7	79.4
O_mO_c	53.0	45.5	41.1	39.7	42.7	44.0	43.5	39.3	38.2	46.8
$P_{16}P_{18}y$	85.5	89.3	86.4	90.5	94.8	96.3	87.1	96.0	98.7	87.8
$P_2P_{15}x$	248.5	240.0	238.8	244.3	248.8	253.5	233.7	255.1	250.1	238.7
$P_2P_{16}x$	182.5	178.4	165.2	183.5	176.0	176.8	164.3	173.3	175.4	171.0
$P_2P_{18}x$	133.0	129.7	142.2	143.9	140.7	141.8	130.1	144.1	133.4	129.8
$P_2P_{23}x$	43.0	45.5	45.7	52.6	45.5	53.0	38.0	35.4	36.3	36.1
$P_{23}P_{24}y$	59.2	64.7	63.5	64.7	63.3	63.9	62.0	65.1	70.3	61.6
$GP_{13}P_{26}$	316.8	315.6	329.7	334.2	339.1	335.9	325.0	339.7	341.8	311.1
GP_1P_{22}	240.6	245.9	242.2	242.5	259.2	256.0	238.3	258.0	277.4	299.4
$GP_{16}P_{18}$	235.5	244.6	239.5	234.7	249.7	247.5	235.3	246.3	269.6	236.9

序号	No.041	No.042	No.043	No.044	No.045	No.046	No.047	No.048	No.049	No.050
性别	男	男	男	男	男	男	男	男	男	男
年龄/岁	22	21	23	22	22	23	24	22	21	25
身高/mm	1760	1800	1830	1700	1780	1810	1780	1750	1780	1780
体重/kg	64	67	83	85	75	82	78	64	75	70
P_1P_2	126.7	130.6	138.4	139.4	130.0	134.1	131.2	134.4	133.0	133.2
O_mP_2	58.0	61.8	52.5	62.4	63.9	59.8	56.7	61.4	56.4	57.3
P_1P_2z	22.8	28.2	20.2	28.1	24.1	19.3	26.5	28.5	19.9	19.3
$P_{11}P_{12}$	57.1	55.4	54.4	65.4	66.1	61.9	60.0	63.5	55.5	56.8
GP_1P_2	316.5	324.8	338.5	320.0	328.1	320.6	325.0	317.6	321.4	321.4
P_5P_6	78.3	74.1	74.7	85.2	84.3	85.7	79.2	83.7	74.5	77.1
O_cP_6	47.1	45.7	39.8	47.5	49.8	48.1	43.2	46.6	42.6	45.5
P_9P_{10}	67.9	64.2	61.3	67.2	67.1	70.2	62.6	64.3	64.1	65.4
GP_5P_6	202.5	202.9	243.3	243.1	229.8	224.5	231.6	207.1	210.2	209.2
P_3P_4	73.9	70.6	74.4	74.0	76.0	73.9	71.0	72.1	72.7	70.8
P_3P_4x	6.2	15.1	16.9	11.6	14.7	14.5	16.6	12.4	16.7	13.7
P_3P_4z	17.4	12.6	10.4	10.2	12.6	12.8	12.4	11.2	11.0	11.6
GP_3P_4	261.2	251.6	240.4	277.8	253.4	258.2	256.9	264.4	260.1	259.4
Oz	60.8	63.4	60.8	73.4	62.0	65.6	63.9	61.5	59.5	55.4
O_mO+OO_f	76.8	81.6	81.6	75.0	65.6	70.6	77.2	67.2	73.4	74.0
O_mO_c	49.1	49.2	52.8	41.3	33.9	46.7	42.6	35.6	49.6	47.2
$P_{16}P_{18}y$	93.5	93.4	84.7	96.7	91.0	89.7	95.5	91.1	93.1	87.5
$P_2P_{15}x$	243.3	250.6	249.4	256.0	224.4	250.6	238.7	244.7	240.6	245.9
$P_2P_{16}x$	168.8	169.6	182.2	169.1	152.6	174.9	161.2	174.1	177.4	168.6
$P_2P_{18}x$	136.8	148.3	134.1	144.8	131.5	135.4	135.5	136.4	133.8	139.4
$P_2P_{23}x$	33.0	41.4	41.2	41.9	31.3	39.2	36.2	35.9	36.0	37.3
$P_{23}P_{24}y$	61.2	65.3	56.7	62.7	55.3	68.0	59.6	58.2	60.4	61.7
$GP_{13}P_{26}$	323.4	327.4	308.9	349.5	319.7	341.9	320.8	322.7	315.3	317.1
GP_1P_{22}	247.8	241.0	243.0	259.5	236.6	251.8	255.2	246.1	254.7	235.5
$GP_{16}P_{18}$	247.0	240.0	236.4	258.1	229.6	252.7	254.6	242.1	241.7	229.0

序号	No.051	No.052	No.053	No.054	No.055	No.056	No.057	No.058	No.059	No.060
性别	男	男	男	男	男	男	男	男	男	男
年龄/岁	23	22	22	22	22	22	20	21	18	21
身高/mm	1750	1780	1760	1620	1630	1640	1640	1640	1650	1660
体重/kg	62	68	72	55	62	58	52	70	54	55
P_1P_2	134.7	132.1	135.5	118.7	124.5	130.4	122.2	122.7	120.6	139.9
O_mP_2	52.1	64.2	60.4	48.3	52.0	58.8	52.8	54.0	60.4	60.8
P_1P_2z	12.9	25.7	18.5	13.9	21.0	18.9	31.8	20.1	29.5	18.6
$P_{11}P_{12}$	56.6	60.7	61.6	47.9	61.1	52.1	49.6	60.5	49.3	57.0
GP_1P_2	335.6	331.5	330.5	285.3	304.4	309.2	293.2	301.9	291.4	330.3
P_5P_6	74.7	77.1	85.8	70.0	80.6	69.9	70.9	79.0	69.1	77.6
O_cP_6	39.7	45.3	50.9	39.1	44.5	37.8	42.2	46.7	41.5	40.6
P_9P_{10}	59.6	73.5	70.1	60.2	66.2	61.7	60.9	62.9	57.8	63.0
GP_5P_6	229.7	205.3	229.4	184.3	227.1	191.1	189.8	224.9	186.2	210.6
P_3P_4	75.0	72.9	76.1	66.3	73.0	69.7	71.2	70.3	69.9	76.7
P_3P_4x	11.4	22.3	15.8	14.5	12.9	11.5	8.8	11.7	6.5	12.5
P_3P_4z	7.4	13.8	7.2	10.8	9.1	12.7	18.5	8.1	17.2	10.4
GP_3P_4	252.2	252.1	269.7	223.3	255.5	246.0	249.8	252.1	246.3	260.1
Oz	56.8	63.8	62.7	61.4	69.3	56.9	61.0	67.4	58.2	64.2
O_mO+OO_f	77.2	75.3	72.1	68.6	67.7	78.7	76.1	65.9	73.6	82.8
O_mO_c	47.7	50.3	47.6	45.0	42.4	53.2	49.8	39.8	47.0	55.2
$P_{16}P_{18}y$	89.0	96.3	94.0	84.3	95.2	86.3	85.0	92.6	82.3	85.7
$P_2P_{15}x$	242.9	252.7	249.9	232.5	243.1	227.4	232.7	239.4	229.0	261.9
$P_2P_{16}x$	179.0	176.8	184.4	165.0	159.2	157.9	157.4	156.4	155.1	188.3
$P_2P_{18}x$	132.0	136.9	149.2	130.9	134.4	131.4	134.6	131.7	132.0	153.4
$P_2P_{23}x$	35.9	41.5	43.0	31.6	47.5	27.2	33.3	45.7	31.9	22.1
$P_{23}P_{24}y$	59.3	62.5	69.8	60.2	63.9	57.9	61.0	61.0	59.3	58.9
$GP_{13}P_{26}$	311.9	335.1	338.7	300.5	332.4	302.7	300.2	329.3	296.8	321.1
GP_1P_{22}	241.1	255.6	249.6	225.9	255.3	228.5	229.6	252.8	226.4	228.3
$GP_{16}P_{18}$	229.7	244.5	245.5	221.6	249.1	223.5	225.5	245.2	222.2	226.2

序号	No.061	No.062	No.063	No.064	No.065	No.066	No.067	No.068	No.069	No.070
性别	男	男	男	男	男	男	男	男	男	男
年龄/岁	23	22	23	22	22	20	21	21	21	22
身高/mm	1660	1660	1670	1670	1680	1680	1680	1690	1700	1700
体重/kg	66	55	78	76	58	65	73	55	54	62
P_1P_2	136.2	117.5	134.0	136.4	128.0	133.7	137.9	111.9	115.1	117.2
O_mP_2	56.0	57.6	59.6	52.5	46.9	53.7	61.9	48.1	53.8	50.5
P_1P_2z	13.6	12.2	10.4	30.7	17.5	11.8	32.5	22.1	24.4	26.2
$P_{11}P_{12}$	62.3	46.7	63.0	64.4	50.3	61.3	65.2	51.0	52.4	52.0
GP_1P_2	327.3	283.0	324.3	335.1	306.1	324.7	338.2	279.8	282.2	287.4
P_5P_6	79.7	68.9	84.4	89.4	68.6	78.2	90.2	73.1	74.5	74.6
O_cP_6	47.0	39.6	51.0	43.0	34.2	44.1	50.9	41.2	41.6	42.0
P_9P_{10}	64.8	58.1	66.1	70.8	60.2	62.8	72.6	60.4	63.1	62.0
GP_5P_6	228.0	181.5	239.1	240.5	187.9	225.2	243.0	196.1	199.1	198.0
P_3P_4	74.1	63.8	69.7	80.1	67.8	72.4	82.0	71.6	73.2	72.2
P_3P_4x	12.6	12.7	9.4	11.5	10.5	10.7	12.6	10.3	12.0	8.7
P_3P_4z	13.7	9.7	12.3	11.9	11.7	13.3	13.2	12.8	13.9	11.2
GP_3P_4	255.0	221.2	261.0	271.5	244.0	252.8	273.4	243.0	245.0	243.9
Oz	63.2	59.0	62.2	64.5	54.0	61.0	66.9	61.9	63.8	61.5
O_mO+OO_f	68.2	67.0	66.9	67.1	76.7	66.7	69.0	68.7	71.9	72.8
O_mO_c	42.4	42.7	40.6	40.1	52.1	40.7	42.1	42.4	44.8	44.2
$P_{16}P_{18}y$	94.4	82.0	85.7	94.4	84.2	91.2	95.2	79.8	82.0	85.2
$P_2P_{15}x$	244.4	228.2	243.2	245.4	224.9	241.3	248.9	228.9	231.6	228.3
$P_2P_{16}x$	172.3	162.1	161.4	173.5	156.5	169.3	175.6	161.7	163.0	162.2
$P_2P_{18}x$	141.5	129.5	141.9	129.2	129.8	138.4	130.4	120.1	121.5	132.7
$P_2P_{23}x$	31.9	31.3	31.9	36.4	25.9	30.8	38.3	35.6	36.8	34.3
$P_{23}P_{24}y$	64.5	58.0	60.2	71.2	57.3	62.6	73.9	54.9	56.8	58.1
$GP_{13}P_{26}$	323.8	297.6	321.4	350.7	299.3	320.5	353.9	300.7	303.7	301.0
GP_1P_{22}	243.9	223.2	233.8	273.8	224.5	241.5	278.0	228.8	231.0	232.0
$GP_{16}P_{18}$	241.2	218.1	230.3	267.4	220.7	239.7	268.8	221.8	225.7	228.6

序号	No.071	No.072	No.073	No.074	No.075	No.076	No.077	No.078	No.079	No.080
性别	男	男	男	男	男	男	男	男	男	男
年龄/岁	22	23	23	21	23	22	23	21	23	21
身高/mm	1700	1700	1700	1710	1710	1710	1710	1720	1720	1720
体重/kg	82	56	75	62	81	63	86	65	68	64
P_1P_2	129.9	135.9	136.4	136.9	136.8	129.6	140.1	130.3	131.9	136.3
O_mP_2	57.6	58.5	62.7	63.9	59.6	46.9	66.3	49.6	47.4	52.3
P_1P_2z	26.1	32.5	13.1	20.0	11.4	21.2	29.5	26.7	28.3	10.3
$P_{11}P_{12}$	61.9	75.1	57.2	57.8	65.4	60.0	66.3	50.6	52.1	56.0
GP_1P_2	328.7	298.3	336.8	320.4	326.2	314.5	321.7	311.2	313.2	323.7
P_5P_6	88.7	95.4	76.0	81.0	86.0	83.8	86.5	71.8	74.0	77.3
O_cP_6	51.1	49.3	45.3	51.9	51.1	38.7	43.9	38.5	37.4	43.3
P_9P_{10}	67.5	80.3	60.1	62.4	68.8	63.1	68.8	60.9	62.5	62.1
GP_5P_6	245.5	199.2	231.1	216.2	242.4	224.4	245.5	193.7	197.5	207.0
P_3P_4	78.0	70.2	76.0	72.8	72.7	73.2	74.1	67.7	70.3	73.2
P_3P_4x	13.1	7.1	12.4	9.7	11.0	8.9	12.6	14.3	15.3	15.7
P_3P_4z	11.5	11.0	7.7	10.0	13.6	8.3	11.1	8.9	10.1	8.4
GP_3P_4	268.9	304.6	254.1	260.0	263.3	260.7	279.0	252.5	255.1	259.3
Oz	60.4	54.9	57.9	61.3	64.6	61.6	74.1	56.8	59.1	57.8
O_mO+OO_f	74.3	58.2	77.8	69.8	68.9	70.6	75.5	78.6	80.9	72.0
O_mO_c	44.6	39.1	48.2	43.6	43.2	47.0	42.8	49.5	51.5	49.3
$P_{16}P_{18}y$	89.0	99.5	90.1	88.7	87.8	92.3	98.0	91.6	93.2	84.3
$P_2P_{15}x$	235.3	251.4	244.2	250.6	246.7	243.8	256.9	230.6	234.1	236.1
$P_2P_{16}x$	165.6	177.1	179.5	181.0	163.5	171.6	170.5	160.6	163.2	173.1
$P_2P_{18}x$	131.4	134.4	132.5	145.7	144.1	130.0	145.0	141.1	142.0	129.1
$P_2P_{23}x$	38.1	36.6	36.7	28.0	33.3	43.6	42.1	30.5	32.3	26.1
$P_{23}P_{24}y$	62.7	71.2	60.7	58.7	62.4	60.9	63.8	60.4	63.5	55.6
$GP_{13}P_{26}$	326.6	343.4	313.1	318.5	325.2	320.4	351.1	314.3	317.0	306.4
GP_1P_{22}	239.7	278.8	242.7	233.9	236.5	248.7	260.5	234.2	237.1	234.6
$GP_{16}P_{18}$	237.6	271.9	230.5	228.8	234.7	240.3	260.6	231.6	234.4	223.3

序号	No.081	No.082	No.083	No.084	No.085	No.086	No.087	No.088	No.089	No.090
性别	男	男	男	男	男	男	男	男	男	男
年龄/岁	22	21	21	24	26	24	23	23	23	23
身高/mm	1720	1720	1720	1720	1720	1720	1720	1720	1730	1730
体重/kg	60	68	61	75	72	75	84	83	62	55
P_1P_2	138.7	122.4	128.0	126.9	130.4	133.1	128.5	138.2	139.0	133.1
O_mP_2	59.6	57.9	61.1	52.1	65.7	57.6	55.6	59.1	61.0	53.4
P_1P_2z	11.4	23.5	19.3	26.8	24.8	26.3	24.2	27.6	14.4	21.2
$P_{11}P_{12}$	56.6	60.8	58.0	58.9	63.7	65.1	60.7	64.8	55.8	54.8
GP_1P_2	325.9	301.1	312.1	313.0	322.4	325.4	326.3	318.4	329.2	324.0
P_5P_6	79.0	80.4	82.3	75.0	80.4	81.4	87.1	84.6	71.4	73.6
O_cP_6	50.8	47.8	49.3	43.6	51.4	47.4	43.5	44.4	41.8	44.9
P_9P_{10}	64.4	64.1	61.2	67.5	65.5	67.3	65.3	65.7	66.6	62.8
GP_5P_6	211.0	220.9	221.8	210.6	225.8	227.6	243.0	241.7	200.4	199.8
P_3P_4	74.5	75.1	70.7	74.2	73.8	76.8	76.0	72.4	75.0	74.2
P_3P_4x	17.5	13.8	7.6	10.9	15.1	16.0	11.3	10.8	11.4	8.2
P_3P_4z	9.2	12.5	7.3	9.5	11.8	12.6	10.2	9.4	6.6	9.3
GP_3P_4	261.9	260.8	258.0	254.6	268.4	271.5	266.3	277.2	252.5	258.3
Oz	59.5	58.4	59.3	57.6	71.7	73.1	57.8	72.7	59.6	58.0
O_mO+OO_f	74.1	66.3	68.3	70.3	71.2	73.5	71.6	73.5	76.1	78.1
O_mO_c	50.7	41.3	44.3	44.7	41.6	44.0	42.1	40.3	52.6	47.3
$P_{16}P_{18}y$	86.5	88.8	90.3	87.9	92.8	96.4	85.0	95.1	90.9	85.6
$P_2P_{15}x$	240.4	238.7	241.4	238.5	247.3	249.7	232.4	254.9	261.6	242.6
$P_2P_{16}x$	174.6	155.2	168.1	176.6	173.8	177.0	162.9	168.5	193.6	164.3
$P_2P_{18}x$	131.4	136.1	128.0	128.8	139.6	141.1	128.8	144.2	150.2	139.7
$P_2P_{23}x$	27.3	37.6	41.8	45.2	45.0	46.1	36.9	41.1	41.5	34.2
$P_{23}P_{24}y$	58.1	58.5	58.7	64.2	62.3	64.6	61.1	62.6	64.9	57.6
$GP_{13}P_{26}$	310.2	310.0	317.7	313.5	337.7	340.9	323.7	348.4	326.6	313.4
GP_1P_{22}	238.0	239.6	244.3	243.9	257.4	260.1	236.3	258.5	243.1	229.3
$GP_{16}P_{18}$	225.5	233.0	238.2	243.2	247.5	251.1	232.8	256.1	239.7	222.8

序号	No.091	No.092	No.093	No.094	No.095	No.096	No.097	No.098	No.099	No.100
性别	男	男	男	男	男	男	男	男	男	男
年龄/岁	23	21	20	26	21	23	21	22	23	22
身高/mm	1730	1730	1740	1740	1740	1740	1740	1750	1750	1750
体重/kg	54	66	60	75	65	66	63	62	70	64
P_1P_2	134.5	133.4	128.5	130.7	126.3	128.0	133.7	132.3	114.9	115.7
O_mP_2	60.9	59.3	49.8	61.6	57.6	54.6	56.1	57.0	53.9	59.6
P_1P_2z	22.4	31.6	18.1	24.9	22.1	23.1	28.5	20.3	26.3	25.6
$P_{11}P_{12}$	56.3	73.0	51.3	63.1	57.0	58.5	62.8	59.1	57.8	50.6
GP_1P_2	326.0	296.4	313.2	318.2	315.7	318.9	317.1	324.0	292.1	285.1
P_5P_6	75.7	93.5	75.7	79.8	77.6	79.1	83.1	82.6	79.7	74.1
O_cP_6	40.5	49.0	42.7	47.3	50.3	47.0	48.4	48.5	45.2	44.7
P_9P_{10}	65.7	79.0	63.4	67.3	67.3	69.1	63.7	68.7	66.9	59.7
GP_5P_6	202.9	196.0	203.1	223.1	201.0	203.5	205.4	216.5	210.7	196.4
P_3P_4	76.8	68.6	73.4	73.7	72.4	74.3	71.0	76.5	72.2	70.4
P_3P_4x	9.5	6.1	10.3	13.8	5.8	6.9	11.8	10.5	11.4	7.6
P_3P_4z	9.8	9.8	8.1	10.0	16.9	17.9	11.0	8.1	7.4	10.1
GP_3P_4	261.0	302.2	257.0	263.6	260.3	263.4	263.5	277.6	259.0	242.3
Oz	59.7	53.1	62.2	70.1	59.8	61.4	60.6	60.2	60.4	59.2
O_mO+OO_f	80.2	56.4	80.2	70.0	75.9	77.4	65.8	70.7	63.6	70.9
O_mO_c	49.6	37.2	50.7	40.8	47.4	50.3	34.8	48.2	41.5	41.8
$P_{16}P_{18}y$	87.8	97.2	87.8	91.2	92.4	94.3	89.8	95.9	87.3	83.2
$P_2P_{15}x$	244.7	248.7	242.3	245.9	241.3	245.7	242.4	257.2	247.3	226.7
$P_2P_{16}x$	166.2	174.5	175.9	184.4	166.9	170.1	172.4	185.0	183.9	159.7
$P_2P_{18}x$	141.7	132.7	143.7	144.1	135.4	137.4	135.7	163.3	136.4	130.9
$P_2P_{23}x$	35.6	36.0	37.3	53.0	32.3	33.1	34.9	34.3	31.4	32.6
$P_{23}P_{24}y$	60.2	70.0	59.5	66.2	59.6	62.0	57.2	66.9	60.5	56.1
$GP_{13}P_{26}$	315.7	341.6	314.8	335.8	322.2	324.6	321.3	334.5	313.6	298.0
GP_1P_{22}	232.4	276.0	231.7	243.5	245.5	250.0	245.6	251.8	243.7	228.4
$GP_{16}P_{18}$	224.6	268.5	229.5	236.4	245.4	248.5	241.0	251.0	239.9	226.1

序号	No.101	No.102	No.103	No.104	No.105	No.106	No.107	No.108	No.109	No.110
性别	男	男	男	男	男	男	男	男	男	男
年龄/岁	21	23	26	24	25	21	21	19	19	22
身高/mm	1750	1750	1750	1750	1750	1760	1760	1760	1760	1760
体重/kg	63	62	71	92	68	62	61	60	62	86
P_1P_2	124.3	122.1	128.6	134.8	131.8	134.7	139.3	122.1	123.6	131.6
O_mP_2	55.7	48.6	57.6	65.2	51.5	56.7	52.7	56.6	57.2	55.6
P_1P_2z	25.1	18.4	28.2	24.8	18.5	18.8	13.4	15.9	17.1	30.2
$P_{11}P_{12}$	63.4	52.8	60.7	68.6	56.8	56.7	54.6	47.1	48.3	61.2
GP_1P_2	302.1	297.2	315.0	344.7	320.5	318.7	328.9	298.6	300.5	324.9
P_5P_6	81.5	71.4	76.2	90.9	76.3	79.7	76.5	69.8	71.7	85.8
O_cP_6	47.3	42.0	39.3	52.4	43.6	49.4	45.9	34.3	39.0	41.9
P_9P_{10}	65.8	63.6	69.6	71.7	64.1	61.4	61.0	63.1	65.5	66.5
GP_5P_6	225.1	197.3	214.7	268.9	208.1	214.2	205.7	183.7	185.9	232.6
P_3P_4	77.4	66.9	75.9	82.5	70.1	70.7	73.0	70.0	71.6	76.7
P_3P_4x	15.9	20.4	11.9	15.7	12.8	8.2	9.6	22.0	23.2	6.3
P_3P_4z	13.0	8.4	10.4	15.3	11.5	8.7	10.6	8.4	9.4	11.1
GP_3P_4	264.3	237.7	257.3	275.4	258.4	257.3	263.3	246.1	248.2	271.8
Oz	60.7	60.9	59.6	62.5	54.5	59.1	57.7	58.4	59.9	69.2
O_mO+OO_f	67.7	77.8	71.5	65.0	72.8	69.1	85.6	82.6	84.7	78.4
O_mO_c	44.5	50.1	46.4	40.4	46.2	42.5	57.3	56.8	59.4	48.8
$P_{16}P_{18}y$	91.7	80.1	90.0	96.6	85.5	86.1	85.2	85.6	89.2	96.8
$P_2P_{15}x$	242.0	238.2	240.6	256.3	245.1	247.3	251.1	244.5	248.3	243.0
$P_2P_{16}x$	157.5	167.7	179.0	174.6	168.3	177.3	166.4	182.5	185.1	174.2
$P_2P_{18}x$	137.9	133.1	130.6	145.7	138.4	143.7	147.7	140.7	142.9	142.6
$P_2P_{23}x$	38.3	37.0	45.9	35.9	36.3	26.6	36.1	31.4	32.0	48.0
$P_{23}P_{24}y$	60.8	57.1	65.1	66.9	60.4	55.8	60.9	58.0	59.3	61.3
$GP_{13}P_{26}$	312.5	307.2	318.1	341.3	315.4	315.0	314.9	301.0	303.7	347.8
GP_1P_{22}	243.0	223.2	246.5	259.8	234.0	230.1	227.3	238.2	241.4	259.9
$GP_{16}P_{18}$	237.8	214.4	245.1	248.0	228.2	225.4	217.6	234.1	237.7	256.1

序号	No.111	No.112	No.113	No.114	No.115	No.116	No.117	No.118	No.119	No.120
性别	男	男	男	男	男	男	男	男	男	男
年龄/岁	22	24	23	21	23	23	22	23	23	20
身高/mm	1760	1760	1760	1760	1760	1760	1760	1760	1780	1770
体重/kg	65	65	79	63	76	60	72	72	70	63
P_1P_2	134.4	136.5	137.0	123.6	128.7	134.9	133.3	131.8	136.0	136.5
O_mP_2	61.0	55.8	48.9	51.5	64.8	53.0	52.9	51.6	61.3	64.1
P_1P_2z	18.6	20.3	23.1	27.3	23.3	29.2	20.3	26.6	18.7	13.6
$P_{11}P_{12}$	52.5	53.8	63.2	54.9	65.4	64.5	56.8	61.0	62.7	54.7
GP_1P_2	321.8	325.2	313.9	316.0	326.5	319.4	322.8	332.2	331.2	326.8
P_5P_6	78.3	80.1	80.4	75.1	83.5	85.5	75.9	78.6	86.0	70.6
O_cP_6	40.6	48.3	41.9	37.8	50.4	45.8	43.6	41.4	51.5	43.1
P_9P_{10}	61.7	64.6	65.9	60.5	65.8	65.0	65.9	73.7	71.3	64.5
GP_5P_6	205.5	207.9	231.7	214.6	228.4	208.7	211.8	207.9	230.2	196.8
P_3P_4	72.6	74.7	74.6	80.1	75.2	73.3	74.2	74.2	76.3	72.6
P_3P_4x	16.3	17.8	13.4	14.2	14.7	13.9	17.4	22.9	16.2	10.0
P_3P_4z	8.7	10.1	11.9	10.2	11.7	11.8	11.9	14.1	7.3	6.0
GP_3P_4	255.3	258.4	267.3	242.7	252.0	265.8	260.8	254.0	270.6	250.4
Oz	59.7	61.1	65.2	61.2	60.5	61.7	60.6	64.4	63.5	57.1
O_mO+OO_f	81.6	83.5	75.6	80.2	65.0	68.4	74.4	75.8	73.1	74.8
O_mO_c	50.3	52.6	42.5	47.4	32.5	35.7	50.8	51.1	47.9	49.8
$P_{16}P_{18}y$	88.0	90.9	94.5	88.1	88.9	91.6	94.0	97.3	94.9	88.1
$P_2P_{15}x$	248.7	250.3	251.8	238.9	222.0	246.9	242.0	254.1	251.4	258.3
$P_2P_{16}x$	177.7	179.2	175.3	172.2	151.2	175.7	178.0	178.2	185.6	191.2
$P_2P_{18}x$	135.1	137.3	140.0	131.4	131.3	137.5	135.0	138.2	150.6	147.0
$P_2P_{23}x$	38.8	39.2	52.4	37.1	30.9	36.3	36.0	41.6	44.2	40.5
$P_{23}P_{24}y$	62.9	64.6	63.3	61.7	54.6	59.6	61.4	63.4	71.3	63.0
$GP_{13}P_{26}$	315.0	318.5	334.2	312.1	318.7	324.7	316.6	337.0	335.3	322.5
GP_1P_{22}	236.9	239.3	254.5	300.9	236.0	247.8	256.1	256.4	250.2	241.9
$GP_{16}P_{18}$	232.2	235.1	246.3	238.6	227.8	243.6	243.0	247.0	247.0	235.8

序号	No.121	No.122	No.123	No.124	No.125	No.126	No.127	No.128	No.129	No.130
性别	男	男	男	男	男	男	男	男	男	男
年龄/岁	21	22	20	21	21	23	24	27	22	22
身高/mm	1770	1780	1780	1780	1780	1780	1780	1780	1780	1790
体重/kg	73	65	63	75	62	66	66	79	76	74
P_1P_2	131.4	117.4	131.1	126.3	124.1	137.7	139.3	129.1	130.0	130.8
O_mP_2	54.4	53.2	56.9	53.0	49.1	67.7	60.3	62.8	58.3	46.2
P_1P_2z	24.9	27.9	19.3	21.4	19.9	15.9	16.8	22.9	26.4	19.2
$P_{11}P_{12}$	66.8	59.2	53.1	57.6	54.2	55.6	56.7	61.3	59.4	55.2
GP_1P_2	329.6	295.5	316.4	307.4	298.2	323.7	326.1	315.3	323.5	320.4
P_5P_6	85.1	81.1	77.9	80.1	73.4	77.2	79.2	78.2	78.6	74.5
O_cP_6	45.3	43.6	48.4	42.1	39.7	51.1	50.6	47.9	51.0	38.5
P_9P_{10}	68.0	69.6	65.4	68.0	66.1	58.5	60.6	64.8	61.7	63.3
GP_5P_6	231.9	213.9	206.7	214.7	199.6	207.2	209.8	218.5	230.0	208.6
P_3P_4	76.9	75.0	76.5	77.1	68.8	69.5	72.3	73.0	69.9	71.8
P_3P_4x	15.4	12.3	12.5	9.3	21.3	14.5	15.7	12.1	16.6	15.8
P_3P_4z	13.5	8.8	9.3	11.4	9.5	8.1	9.3	8.4	11.8	10.7
GP_3P_4	254.6	260.1	260.0	265.0	240.1	253.2	255.5	260.5	255.6	259.4
Oz	63.5	62.9	64.0	62.5	63.4	63.1	65.5	67.2	62.7	58.0
O_mO+OO_f	66.9	66.2	81.3	75.9	79.5	81.4	83.9	68.2	76.1	72.1
O_mO_c	34.6	44.1	52.7	54.5	52.9	52.0	54.0	38.8	40.8	48.3
$P_{16}P_{18}y$	91.7	89.4	91.2	95.9	81.6	83.5	86.9	88.8	93.3	92.5
$P_2P_{15}x$	225.3	250.8	245.6	245.6	241.3	247.7	249.4	242.8	237.1	237.9
$P_2P_{16}x$	154.3	185.7	179.2	180.7	170.1	181.2	183.4	181.6	160.8	176.6
$P_2P_{18}x$	133.4	138.9	145.9	158.7	135.0	131.6	134.3	143.5	135.0	132.4
$P_2P_{23}x$	31.9	31.9	39.4	29.1	38.3	42.4	43.8	51.9	34.8	35.3
$P_{23}P_{24}y$	56.1	63.0	60.9	61.4	58.6	58.5	60.2	63.4	58.7	58.7
$GP_{13}P_{26}$	321.2	316.9	316.6	323.6	309.6	315.1	317.8	332.9	319.8	313.2
GP_1P_{22}	237.8	245.6	234.0	244.2	225.2	238.7	242.3	240.6	254.0	252.4
$GP_{16}P_{18}$	231.1	243.2	232.2	233.0	216.5	233.9	237.4	233.2	253.0	240.7

序号	No.131	No.132	No.133	No.134	No.135	No.136	No.137	No.138	No.139	No.140
性别	男	男	男	男	男	男	男	男	男	男
年龄/岁	26	22	23	23	22	22	25	19	22	22
身高/mm	1790	1800	1800	1800	1800	1800	1800	1810	1810	1810
体重/kg	72	61	90	82	103	63	76	63	71	70
P_1P_2	134.3	142.3	129.5	138.4	131.8	120.8	131.7	137.1	124.6	131.8
O_mP_2	57.2	61.7	58.8	57.4	60.2	54.2	57.0	57.4	59.5	54.1
P_1P_2z	20.5	20.4	28.5	23.4	23.2	26.9	27.9	12.5	20.2	29.5
$P_{11}P_{12}$	57.7	58.4	58.9	64.9	66.6	53.0	60.2	52.3	56.9	56.5
GP_1P_2	322.2	332.3	322.5	316.8	342.0	314.1	327.5	325.8	304.9	326.1
P_5P_6	78.0	79.3	84.5	81.7	89.5	73.9	80.0	74.4	78.2	75.0
O_cP_6	46.8	42.2	42.1	50.8	53.7	36.2	48.0	46.4	45.9	45.9
P_9P_{10}	66.0	65.9	65.1	67.3	69.9	58.3	63.8	59.2	66.1	64.5
GP_5P_6	211.1	213.9	229.8	233.6	266.9	211.8	233.0	203.6	211.8	204.3
P_3P_4	72.3	78.0	75.4	75.8	80.2	76.9	71.8	71.0	74.1	71.6
P_3P_4x	14.6	14.2	4.2	14.8	14.7	12.9	17.0	9.1	7.2	16.2
P_3P_4z	12.0	11.1	10.6	13.2	13.5	8.6	12.9	10.4	10.4	12.9
GP_3P_4	260.8	262.6	269.5	271.1	274.0	239.9	258.7	260.7	262.3	252.7
Oz	56.9	65.8	66.5	67.0	59.7	59.4	65.2	55.4	60.4	64.3
O_mO+OO_f	75.8	84.6	75.7	77.0	62.3	78.1	78.7	83.7	73.5	82.2
O_mO_c	48.4	56.7	47.2	44.1	38.2	45.8	44.2	54.2	52.9	50.5
$P_{16}P_{18}y$	88.5	88.8	93.9	97.4	94.7	86.3	96.6	83.1	93.5	94.3
$P_2P_{15}x$	247.2	264.8	239.6	255.4	253.8	236.5	240.3	247.0	243.3	251.8
$P_2P_{16}x$	169.9	191.7	172.4	177.6	171.4	170.0	162.7	164.2	177.6	170.1
$P_2P_{18}x$	140.6	154.8	140.2	142.9	143.3	128.7	136.6	146.1	157.3	149.2
$P_2P_{23}x$	38.1	24.4	47.1	53.4	35.3	35.7	37.1	34.8	27.8	42.0
$P_{23}P_{24}y$	63.0	60.7	60.0	65.4	64.8	61.2	59.9	59.0	59.8	66.0
$GP_{13}P_{26}$	318.4	322.8	345.5	337.8	338.0	309.8	322.4	312.9	319.9	328.9
GP_1P_{22}	237.4	230.3	255.8	257.7	257.2	298.2	256.4	224.9	240.5	242.6
$GP_{16}P_{18}$	230.5	229.9	252.8	248.9	244.6	235.4	256.1	214.1	231.1	241.3

序号	No.141	No.142	No.143	No.144	No.145	No.146	No.147	No.148	No.149	No.150
性别	男	男	男	男	男	男	男	男	男	男
年龄/岁	22	21	22	20	22	22	22	22	25	19
身高/mm	1820	1820	1820	1820	1820	1820	1820	1820	1830	1840
体重/kg	66	62	64	68	80	68	85	84	77	60
P_1P_2	135.2	136.0	136.5	137.4	131.5	129.2	133.4	135.8	130.7	133.2
O_mP_2	48.0	58.4	58.4	56.9	58.7	59.2	53.2	52.2	57.4	51.9
P_1P_2z	22.2	14.3	21.6	23.3	22.0	27.2	18.6	20.0	31.0	19.5
$P_{11}P_{12}$	60.9	57.6	56.5	57.7	71.1	55.1	61.8	63.5	59.1	52.2
GP_1P_2	325.6	323.1	330.3	332.3	321.3	323.8	319.8	322.0	319.1	314.6
P_5P_6	83.7	78.8	78.9	80.5	90.3	73.8	85.2	87.0	81.0	73.0
O_cP_6	42.1	49.1	41.8	44.6	50.6	39.9	40.9	45.1	48.4	45.3
P_9P_{10}	69.6	67.0	60.4	62.2	75.3	63.2	69.2	71.9	62.5	61.6
GP_5P_6	219.5	209.4	212.5	215.6	251.9	201.8	223.8	226.4	220.5	195.8
P_3P_4	78.3	76.1	74.3	76.2	82.1	69.6	72.2	74.8	71.5	70.0
P_3P_4x	11.5	18.8	8.5	9.8	10.3	14.9	13.9	16.1	17.0	14.6
P_3P_4z	9.1	11.1	7.6	9.1	16.5	11.9	11.9	13.1	8.7	7.7
GP_3P_4	280.5	255.2	263.8	266.8	276.4	250.6	257.5	260.4	249.9	251.2
Oz	62.1	71.1	65.6	67.3	74.1	62.7	63.8	66.9	72.7	57.6
O_mO+OO_f	73.1	77.3	82.5	83.3	56.3	80.8	69.2	71.6	76.3	77.6
O_mO_c	50.1	45.2	53.4	54.8	37.1	47.9	45.8	48.0	40.3	51.1
$P_{16}P_{18}y$	98.6	92.3	93.9	96.9	97.7	92.0	88.3	90.6	85.3	80.8
$P_2P_{15}x$	260.6	262.9	255.3	258.5	256.1	249.4	249.0	252.5	237.7	244.2
$P_2P_{16}x$	187.8	182.7	186.4	189.3	191.4	167.5	173.7	175.9	163.6	177.2
$P_2P_{18}x$	165.6	155.6	151.6	154.2	143.4	147.3	134.1	135.5	140.9	148.5
$P_2P_{23}x$	35.9	31.2	36.7	38.5	37.3	40.8	38.9	40.0	44.7	42.9
$P_{23}P_{24}y$	69.1	60.7	61.4	63.0	66.8	64.6	67.1	68.9	62.8	59.1
$GP_{13}P_{26}$	336.3	329.5	337.2	341.0	351.8	326.5	341.5	343.6	328.5	316.0
GP_1P_{22}	254.3	241.8	254.2	256.8	267.7	240.1	250.4	253.2	240.7	215.1
$GP_{16}P_{18}$	254.7	237.6	246.8	249.7	257.6	239.7	250.6	253.4	238.6	211.0

序号	No.151	No.152	No.153	No.154	No.155	No.156	No.157	No.158	No.159	No.160
性别	男	男	男	男	男	男	男	女	女	女
年龄/岁	21	21	21	27	24	23	24	21	22	19
身高/mm	1840	1850	1850	1850	1850	1860	1760	1600	1630	1610
体重/kg	80	63	85	76	84	66	68	50	55	46
P_1P_2	138.1	135.7	129.6	133.2	139.1	134.8	134.3	121.6	116.8	111.1
O_mP_2	60.3	57.8	57.6	59.7	56.5	52.3	58.8	56.0	54.3	44.6
P_1P_2z	19.8	20.7	21.0	32.6	21.7	12.5	18.3	28.3	22.7	14.4
$P_{11}P_{12}$	54.1	53.6	69.3	60.5	55.7	55.9	61.3	53.0	61.6	49.3
GP_1P_2	337.7	317.6	319.6	321.7	340.3	320.7	328.7	297.3	287.7	271.1
P_5P_6	74.7	73.7	88.4	83.3	75.7	77.6	84.8	74.0	78.7	70.5
O_cP_6	40.2	42.4	50.4	50.4	40.1	40.7	43.9	36.2	45.8	37.3
P_9P_{10}	60.4	63.3	73.0	65.3	62.7	64.4	69.1	58.6	61.9	52.7
GP_5P_6	242.9	198.5	248.6	222.7	244.8	206.4	228.0	199.5	221.1	187.1
P_3P_4	73.2	71.5	80.8	73.4	74.8	74.1	75.4	64.7	66.9	60.6
P_3P_4x	16.3	16.0	8.6	18.1	18.0	18.3	15.0	8.3	2.8	6.3
P_3P_4z	10.0	9.4	15.8	10.2	10.5	9.8	6.5	9.0	8.4	8.0
GP_3P_4	239.2	253.9	274.1	253.8	241.4	253.1	268.6	239.1	243.7	220.3
Oz	59.1	59.4	73.0	74.7	61.8	68.2	61.4	50.7	51.1	53.9
O_mO+OO_f	81.2	79.9	54.8	79.0	82.2	74.8	71.0	67.0	54.1	65.4
O_mO_c	52.2	52.8	34.2	42.1	54.1	43.3	46.7	36.5	30.4	41.3
$P_{16}P_{18}y$	82.9	82.9	95.3	87.7	86.0	90.2	92.5	80.3	84.2	86.8
$P_2P_{15}x$	248.4	246.9	253.1	239.7	250.1	260.3	248.8	218.6	226.2	226.1
$P_2P_{16}x$	180.0	180.0	188.5	165.4	183.7	180.5	184.1	157.0	154.9	163.1
$P_2P_{18}x$	133.1	150.1	141.8	143.8	134.7	154.4	147.7	125.1	124.3	134.4
$P_2P_{23}x$	40.1	43.8	35.5	45.8	41.9	29.4	42.4	35.7	30.8	27.0
$P_{23}P_{24}y$	55.5	60.8	65.5	64.4	58.4	60.3	68.6	54.8	54.7	53.8
$GP_{13}P_{26}$	306.5	318.8	348.8	330.8	310.3	326.5	336.6	287.8	291.2	274.4
GP_1P_{22}	241.8	217.8	263.0	244.3	244.9	238.9	248.0	217.6	227.5	217.0
$GP_{16}P_{18}$	233.9	214.3	255.6	240.8	237.4	235.9	242.9	211.5	227.1	214.5

序号	No.161	No.162	No.163	No.164	No.165	No.166	No.167	No.168	No.169	No.170
性别	女	女	女	女	女	女	女	女	女	女
年龄/岁	21	22	19	21	21	21	23	22	22	22
身高/mm	1580	1700	1680	1620	1680	1600	1620	1630	1600	1650
体重/kg	48	53	50	55	53	50	48	53	47	49
P_1P_2	106.1	126.2	128.5	125.1	125.4	115.4	120.7	127.0	116.7	125.6
O_mP_2	42.8	53.1	50.2	63.3	58.6	51.1	55.2	46.6	58.0	54.1
P_1P_2z	11.4	17.3	11.2	22.5	13.9	22.6	16.0	17.1	19.1	13.0
$P_{11}P_{12}$	51.3	53.0	49.1	60.1	60.0	53.6	56.2	53.6	50.1	52.3
GP_1P_2	257.7	301.3	304.8	303.5	301.6	282.2	291.6	306.8	283.6	301.6
P_5P_6	66.7	77.1	72.1	79.8	81.9	75.5	72.5	74.0	70.3	71.8
O_cP_6	33.7	46.3	43.3	45.1	50.1	38.2	36.9	38.4	37.1	46.7
P_9P_{10}	52.7	60.0	57.7	64.5	61.4	58.7	61.3	57.2	56.5	58.6
GP_5P_6	187.3	202.6	192.8	221.0	228.1	204.4	202.7	200.1	190.9	197.9
P_3P_4	60.0	69.5	67.8	72.2	66.6	64.5	67.2	64.6	63.4	65.1
P_3P_4x	7.2	8.5	10.0	14.7	13.1	7.9	9.0	4.0	6.1	4.6
P_3P_4z	9.0	10.8	13.8	8.6	9.0	10.8	6.8	5.6	8.0	8.4
GP_3P_4	208.1	256.1	244.1	254.6	245.9	244.9	233.0	245.0	233.4	241.4
Oz	55.9	53.3	52.9	60.4	55.7	53.9	50.5	56.5	47.6	49.7
O_mO+OO_f	51.9	67.4	75.1	65.9	54.2	58.1	67.5	70.1	58.1	59.2
O_mO_c	25.6	46.7	51.1	41.5	27.6	37.2	45.7	44.6	37.1	37.2
$P_{16}P_{18}y$	78.2	81.3	84.4	89.8	84.9	82.6	82.1	83.4	82.9	86.1
$P_2P_{15}x$	208.2	231.7	236.3	241.3	237.3	219.7	233.5	232.2	221.7	220.6
$P_2P_{16}x$	140.9	161.3	171.1	175.7	170.0	164.4	170.0	164.4	163.7	164.6
$P_2P_{18}x$	128.1	141.3	143.0	142.6	133.4	129.8	140.1	145.3	132.1	130.8
$P_2P_{23}x$	31.5	37.0	35.7	32.2	38.7	33.6	39.6	42.4	39.9	41.7
$P_{23}P_{24}y$	54.6	54.2	57.2	58.8	59.3	54.3	56.2	58.8	59.1	58.1
$GP_{13}P_{26}$	268.2	304.8	296.8	308.9	311.4	290.8	285.0	296.4	281.3	288.7
GP_1P_{22}	196.5	212.1	212.5	232.0	222.6	217.9	209.1	216.0	210.7	218.5
$GP_{16}P_{18}$	193.8	209.4	213.0	230.1	217.1	215.0	206.2	212.7	207.4	215.6

序号	No.171	No.172	No.173	No.174	No.175	No.176	No.177	No.178	No.179	No.180
性别	女	女	女	女	女	女	女	女	女	女
年龄/岁	22	22	21	22	21	21	23	20	22	22
身高/mm	1600	1680	1620	1620	1600	1640	1620	1580	1660	1630
体重/kg	55	51	53	67	52	49	52	50	47	48
P_1P_2	110.0	121.7	128.7	123.3	114.6	117.2	114.0	112.1	113.7	129.3
O_mP_2	48.4	52.0	48.9	53.5	54.2	58.3	57.3	51.0	57.4	58.1
P_1P_2z	19.4	15.9	9.3	16.5	24.7	23.2	24.5	17.5	19.3	30.2
$P_{11}P_{12}$	53.6	56.8	56.8	58.7	56.6	56.2	55.9	50.9	54.9	58.4
GP_1P_2	266.1	290.0	304.7	298.8	284.7	280.1	272.8	272.5	285.7	310.6
P_5P_6	69.1	68.8	74.1	75.4	72.6	77.5	77.2	72.1	74.2	77.5
O_cP_6	37.4	41.4	38.8	46.7	41.1	51.5	48.7	38.8	45.4	43.8
P_9P_{10}	54.9	58.5	57.8	64.9	59.3	58.1	57.1	57.5	61.0	62.2
GP_5P_6	195.4	197.4	207.7	206.5	207.9	207.4	207.2	196.5	203.3	214.0
P_3P_4	62.6	68.1	65.6	72.5	66.4	64.6	64.5	60.5	67.2	70.0
P_3P_4x	10.5	21.1	6.3	13.8	17.4	13.3	10.3	9.6	2.9	8.3
P_3P_4z	8.8	8.0	5.2	14.8	7.2	8.0	10.2	7.4	5.0	8.6
GP_3P_4	222.9	228.4	244.7	242.3	238.7	229.4	227.1	226.0	241.9	251.6
Oz	52.5	54.8	53.2	61.0	52.8	55.6	55.6	55.1	54.7	58.8
O_mO+OO_f	54.1	56.6	61.1	61.7	57.5	55.5	54.0	56.1	66.8	67.6
O_mO_c	31.6	32.2	39.4	36.8	34.7	29.2	28.4	35.8	46.6	39.1
$P_{16}P_{18}y$	79.1	84.7	80.7	84.5	87.5	80.6	81.8	82.6	88.4	85.7
$P_2P_{15}x$	209.4	224.8	230.1	227.9	219.3	231.5	231.6	221.3	231.9	236.1
$P_2P_{16}x$	159.0	162.8	163.4	168.2	158.9	171.5	168.9	159.7	171.5	172.0
$P_2P_{18}x$	123.6	124.2	136.9	123.7	134.0	131.4	134.0	127.6	137.3	148.7
$P_2P_{23}x$	42.4	41.2	38.0	37.5	43.3	40.7	37.1	37.3	35.4	30.1
$P_{23}P_{24}y$	51.4	62.2	60.6	61.9	54.1	59.0	59.7	55.4	62.9	58.7
$GP_{13}P_{26}$	280.5	297.9	307.2	310.8	294.3	299.0	296.6	285.9	298.0	312.1
GP_1P_{22}	204.0	223.8	212.0	229.4	220.5	215.9	214.1	214.7	223.6	226.4
$GP_{16}P_{18}$	200.5	212.7	211.3	224.7	219.1	213.6	207.5	211.6	221.5	220.9

序号	No.181	No.182	No.183	No.184	No.185	No.186	No.187	No.188	No.189	No.190
性别	女	女	女	女	女	女	女	女	女	女
年龄/岁	22	23	23	22	23	24	23	24	23	24
身高/mm	1650	1670	1600	1720	1580	1580	1680	1600	1610	1610
体重/kg	52	60	50	50	60	50	53	48	49	53
P_1P_2	120.8	120.6	113.4	130.8	129.2	133.4	122.4	123.6	120.5	109.5
O_mP_2	52.7	57.1	56.4	59.8	51.4	55.7	49.9	53.9	51.4	48.9
P_1P_2z	24.7	11.9	21.4	21.2	17.8	11.6	16.1	13.3	20.6	21.1
$P_{11}P_{12}$	53.9	56.6	53.6	51.6	57.8	52.3	56.3	53.3	53.5	52.2
GP_1P_2	294.3	290.3	280.4	315.7	310.4	317.6	296.2	291.7	289.6	264.7
P_5P_6	70.7	76.8	72.2	74.7	74.6	75.1	74.0	71.3	72.5	74.2
O_cP_6	44.3	45.0	45.3	45.5	42.9	43.4	41.9	43.7	41.7	40.1
P_9P_{10}	62.9	57.9	58.7	60.9	63.9	58.0	63.8	56.2	60.0	55.1
GP_5P_6	194.4	208.4	199.4	200.2	208.5	201.4	203.9	195.8	196.5	198.3
P_3P_4	68.9	67.9	64.5	65.7	66.6	67.1	71.6	65.5	66.7	63.3
P_3P_4x	12.7	8.7	4.6	14.5	14.3	2.9	5.8	7.8	14.6	11.3
P_3P_4z	9.0	10.8	12.0	7.2	8.6	12.4	9.2	8.6	11.0	6.8
GP_3P_4	234.5	241.6	222.8	241.8	239.9	239.9	236.4	224.2	233.8	224.8
Oz	56.0	54.4	51.2	53.9	57.7	52.5	56.5	56.4	54.5	56.5
O_mO+OO_f	67.5	57.2	62.4	75.4	61.0	73.1	60.3	68.2	60.8	55.7
O_mO_c	40.9	36.8	35.1	44.0	34.7	45.1	37.7	40.1	33.7	32.3
$P_{16}P_{18}y$	79.1	82.3	83.0	95.0	85.4	82.4	87.5	80.8	85.3	78.2
$P_2P_{15}x$	221.7	220.9	208.7	233.9	224.1	222.7	235.5	220.9	219.1	218.3
$P_2P_{16}x$	160.4	160.8	154.7	172.1	160.0	165.8	168.3	161.0	163.6	159.2
$P_2P_{18}x$	132.6	133.1	129.9	147.0	123.8	132.2	140.1	130.4	130.0	124.7
$P_2P_{23}x$	35.1	36.3	31.8	32.4	37.2	34.1	35.3	37.1	34.4	32.6
$P_{23}P_{24}y$	58.1	57.9	62.0	54.4	61.4	58.0	56.4	53.2	56.8	51.9
$GP_{13}P_{26}$	295.0	298.2	282.2	301.7	312.2	295.1	298.4	282.8	291.8	282.9
GP_1P_{22}	213.5	215.6	215.5	227.2	233.5	216.7	221.7	210.3	218.6	208.2
$GP_{16}P_{18}$	211.6	215.6	207.3	226.2	226.1	212.4	215.6	206.8	213.3	203.3

序号	No.191	No.192	No.193	No.194	No.195	No.196	No.197	No.198	No.199	No.200
性别	女	女	女	女	女	女	女	女	女	女
年龄/岁	27	27	22	21	22	21	22	23	22	23
身高/mm	1630	1530	1650	1630	1640	1650	1670	1630	1600	1650
体重/kg	52	48	55	62	54	60	52	50	62	51
P_1P_2	129.0	106.9	119.3	113.3	119.6	117.7	119.8	112.6	113.1	120.2
O_mP_2	56.2	48.3	52.8	56.2	58.1	51.5	56.1	55.9	58.9	52.3
P_1P_2z	21.5	22.7	13.8	21.2	22.9	26.2	20.2	15.4	26.5	20.7
$P_{11}P_{12}$	57.0	52.6	53.1	57.5	55.8	57.0	55.8	51.5	64.5	54.3
GP_1P_2	311.3	262.0	289.0	298.0	288.3	290.9	288.7	274.5	284.7	292.1
P_5P_6	76.1	76.3	72.9	74.2	74.0	74.3	74.2	76.9	79.1	75.0
O_cP_6	44.9	37.3	40.4	46.8	46.1	39.3	39.2	49.2	51.5	40.8
P_9P_{10}	65.2	56.2	57.2	62.1	61.4	60.2	60.7	58.1	64.9	60.0
GP_5P_6	205.8	206.2	196.9	208.4	201.3	208.5	201.6	199.9	224.5	201.8
P_3P_4	71.5	62.2	63.4	69.6	67.7	69.3	67.5	63.9	70.6	63.6
P_3P_4x	13.4	7.7	7.4	7.1	8.1	3.5	7.2	5.9	12.5	14.5
P_3P_4z	12.4	10.2	7.4	12.0	9.2	13.6	6.4	7.6	10.2	7.6
GP_3P_4	247.3	226.2	225.3	248.3	240.3	244.4	243.8	236.9	250.6	229.4
Oz	58.1	57.4	54.5	61.7	52.9	53.8	54.2	57.1	56.2	56.7
O_mO+OO_f	72.7	52.5	56.8	59.7	65.2	65.1	62.3	57.1	49.5	61.0
O_mO_c	51.3	26.7	38.6	39.3	41.0	38.3	40.4	37.6	27.2	29.8
$P_{16}P_{18}y$	79.4	80.4	85.4	86.1	84.5	85.8	84.1	83.8	84.7	86.2
$P_2P_{15}x$	242.6	206.3	225.4	230.8	227.1	232.3	227.5	222.0	221.1	216.4
$P_2P_{16}x$	179.4	151.7	167.2	165.0	168.8	170.5	165.8	166.9	158.5	164.7
$P_2P_{18}x$	148.9	119.7	137.4	139.3	141.6	141.6	139.1	133.0	128.2	129.8
$P_2P_{23}x$	36.2	28.8	30.7	41.7	40.5	39.5	34.4	32.7	34.8	43.0
$P_{23}P_{24}y$	57.1	48.7	55.6	61.1	56.7	59.7	56.9	55.5	61.1	59.8
$GP_{13}P_{26}$	305.2	273.1	292.9	305.7	299.2	299.4	300.1	292.7	302.3	299.8
GP_1P_{22}	223.9	213.0	215.9	223.1	210.3	218.8	216.2	215.0	225.4	218.9
$GP_{16}P_{18}$	213.0	209.4	214.7	221.7	210.1	218.6	210.0	214.3	222.4	215.6

序号	No.201	No.202	No.203	No.204	No.205	No.206	No.207	No.208	No.209	No.210
性别	女	女	女	女	女	女	女	女	女	女
年龄/岁	23	22	20	21	21	26	27	26	26	27
身高/mm	1600	1640	1680	1550	1650	1710	1730	1640	1640	1520
体重/kg	46	60	57	45	55	60	60	53	51	46
P_1P_2	115.7	117.2	116.2	110.8	120.1	126.3	125.6	121.7	121.7	105.5
O_mP_2	48.6	61.1	59.5	47.5	55.9	62.2	53.9	58.2	54.4	52.7
P_1P_2z	20.4	30.4	25.0	25.2	21.1	18.7	20.7	18.6	20.8	22.1
$P_{11}P_{12}$	51.6	54.7	59.2	51.1	61.1	60.0	54.3	55.7	53.0	52.0
GP_1P_2	276.9	287.0	284.6	267.9	294.0	310.9	296.0	293.6	291.8	261.5
P_5P_6	69.1	76.5	79.3	72.9	76.9	81.4	79.8	76.8	70.9	76.1
O_cP_6	42.3	45.5	51.9	37.2	43.2	50.9	44.6	43.8	36.4	41.48379463
P_9P_{10}	57.3	60.8	64.0	52.3	65.6	66.7	58.5	58.1	59.4	55.2
GP_5P_6	187.4	206.9	219.7	198.0	213.0	221.5	210.9	206.9	196.0	205.2
P_3P_4	64.9	68.5	68.6	58.4	70.9	71.3	64.5	67.6	65.4	60.6
P_3P_4x	9.0	11.1	13.9	12.9	12.7	8.2	12.3	8.9	11.1	7.3
P_3P_4z	9.0	18.8	10.4	7.2	14.2	8.6	13.0	10.8	7.8	10.0
GP_3P_4	229.5	244.0	249.2	227.2	247.8	258.4	255.5	241.6	226.7	225.6
Oz	55.7	54.2	56.7	49.0	52.6	54.8	55.8	56.8	53.9	56.9
O_mO+OO_f	60.0	63.4	57.6	53.9	53.8	57.3	63.8	63.2	67.9	51.1
O_mO_c	35.8	38.9	34.2	31.3	32.1	34.1	42.6	39.0	38.8	25.8
$P_{16}P_{18}y$	77.1	81.6	86.3	76.7	89.4	87.5	81.6	81.6	84.5	78.7
$P_2P_{15}x$	220.9	223.0	231.0	215.9	222.4	242.2	241.1	231.5	222.1	204.6
$P_2P_{16}x$	160.3	165.5	165.1	156.0	164.2	181.1	174.7	174.8	161.8	150.8
$P_2P_{18}x$	132.6	137.4	133.1	122.4	136.2	153.0	146.5	138.5	130.4	118.2
$P_2P_{23}x$	38.6	34.1	41.0	42.3	32.4	34.9	45.0	35.6	34.3	27.7
$P_{23}P_{24}y$	55.7	55.2	59.1	53.3	59.0	58.3	54.0	56.3	56.0	46.9
$GP_{13}P_{26}$	279.9	293.8	298.6	270.6	299.8	316.6	306.3	301.8	295.2	271.1
GP_1P_{22}	202.7	211.8	224.2	209.4	227.5	221.3	220.0	217.9	217.1	210.9
$GP_{16}P_{18}$	200.5	204.5	221.2	205.2	220.7	215.4	215.3	208.8	211.3	208.1

序号	No.211	No.212	No.213	No.214	No.215	No.216	No.217	No.218	No.219	No.220
性别	女	女	女	女	女	女	女	女	女	女
年龄/岁	20	19	24	20	26	21	23	24	23	22
身高/mm	1540	1540	1550	1560	1560	1570	1570	1580	1580	1580
体重/kg	46	46	61	46	47	51	61	52	48	47
P_1P_2	112.2	110.3	127.9	106.6	108.1	113.1	129.8	122.0	118.1	125.4
O_mP_2	48.1	51.3	60.4	54.9	56.0	49.9	50.7	57.7	55.7	60.2
P_1P_2z	26.1	24.2	17.3	11.5	23.4	17.7	18.2	28.8	19.9	14.2
$P_{11}P_{12}$	51.8	50.0	56.7	52.1	53.0	51.8	58.7	53.6	51.2	54.2
GP_1P_2	269.5	266.0	308.8	259.1	263.5	274.7	311.7	298.8	284.9	292.9
P_5P_6	74.0	71.6	73.3	67.4	78.1	72.8	75.7	75.1	71.2	71.6
O_cP_6	37.6	36.5	43.8	45.7	48.9	42.7	42.4	45.2	36.6	39.5
P_9P_{10}	53.8	50.5	63.2	53.5	57.1	58.1	64.7	59.8	57.3	56.4
GP_5P_6	199.6	196.6	207.3	189.3	207.0	198.2	209.9	201.7	192.4	197.5
P_3P_4	59.8	57.5	65.5	61.0	63.6	61.6	67.8	66.3	64.6	66.3
P_3P_4x	13.7	12.8	14.0	7.7	8.0	10.0	15.1	9.2	6.4	8.3
P_3P_4z	7.3	6.7	7.7	9.2	10.2	8.3	9.0	10.0	8.1	9.0
GP_3P_4	229.0	226.2	238.6	209.5	227.8	226.5	241.5	240.3	235.3	225.6
Oz	50.5	47.7	56.1	57.3	58.4	56.7	59.1	50.8	48.6	57.8
O_mO+OO_f	54.4	52.4	60.1	53.1	53.6	57.0	62.7	68.6	59.3	69.4
O_mO_c	32.3	30.3	34.3	26.2	27.7	36.4	35.6	37.1	37.6	41.3
$P_{16}P_{18}y$	77.4	75.3	84.7	79.7	82.1	83.4	86.1	81.1	83.9	81.5
$P_2P_{15}x$	217.4	214.1	222.8	209.4	207.5	223.2	226.3	220.7	223.2	222.1
$P_2P_{16}x$	157.4	155.0	159.6	141.7	153.6	161.4	161.8	158.5	165.8	162.4
$P_2P_{18}x$	123.9	121.9	122.7	129.1	121.0	128.4	124.5	126.2	133.0	131.5
$P_2P_{23}x$	42.9	41.8	36.6	32.1	29.7	38.1	37.9	35.9	40.4	38.1
$P_{23}P_{24}y$	55.1	52.2	61.0	56.0	49.4	56.0	61.9	56.0	60.7	53.7
$GP_{13}P_{26}$	272.2	269.2	311.3	270.8	274.0	286.9	314.1	289.2	282.3	283.5
GP_1P_{22}	210.7	208.4	231.4	198.2	214.6	217.2	235.4	218.1	212.4	212.0
$GP_{16}P_{18}$	206.8	202.9	224.3	195.0	210.6	213.2	228.2	213.2	208.9	208.7

序号	No.221	No.222	No.223	No.224	No.225	No.226	No.227	No.228	No.229	No.230
性别	女	女	女	女	女	女	女	女	女	女
年龄/岁	20	21	25	23	22	24	22	24	19	22
身高/mm	1580	1580	1580	1590	1590	1590	1590	1600	1600	1600
体重/kg	45	53	47	51	61	51	47	51	50	50
P_1P_2	104.5	114.1	122.7	134.7	114.1	112.2	114.6	114.4	110.0	119.5
O_mP_2	46.2	59.0	52.1	64.7	50.6	45.8	57.0	53.3	43.2	62.8
P_1P_2z	10.8	22.0	12.9	11.9	27.2	20.6	19.6	22.0	13.4	15.4
$P_{11}P_{12}$	50.9	53.0	53.2	52.9	65.8	52.8	50.6	54.5	48.3	55.4
GP_1P_2	255.8	280.9	290.7	318.3	287.1	278.4	275.0	281.8	268.8	290.6
P_5P_6	65.7	74.4	71.1	75.6	80.1	70.8	68.8	73.6	69.3	71.7
O_cP_6	37.0	39.5	38.0	46.2	41.8	37.1	44.3	45.8	35.9	43.9
P_9P_{10}	52.0	57.7	55.1	58.7	66.1	57.6	56.4	60.4	51.6	60.0
GP_5P_6	185.5	202.9	194.5	202.7	226.1	198.5	186.3	200.7	185.9	202.3
P_3P_4	59.1	63.4	64.8	68.7	72.1	63.8	63.6	65.7	59.7	66.3
P_3P_4x	6.3	7.2	7.2	3.8	13.4	4.1	8.2	4.9	5.9	8.7
P_3P_4z	8.4	10.1	8.1	13.1	10.5	12.0	8.6	12.9	8.0	6.2
GP_3P_4	206.2	243.7	223.4	241.2	252.0	221.5	227.9	223.8	219.2	230.6
Oz	55.0	52.7	55.4	54.0	56.8	49.7	54.5	51.6	53.5	49.3
O_mO+OO_f	50.6	56.8	67.1	73.5	51.3	61.3	59.1	62.5	64.8	66.7
O_mO_c	24.3	36.7	39.6	45.6	27.7	34.4	34.8	35.6	40.6	44.7
$P_{16}P_{18}y$	76.9	81.3	79.8	83.5	86.2	82.2	76.5	84.2	85.6	81.3
$P_2P_{15}x$	207.3	218.1	219.8	224.4	222.4	207.0	218.8	210.1	224.3	231.8
$P_2P_{16}x$	139.1	163.0	160.2	167.8	160.2	153.3	158.8	155.1	162.1	168.4
$P_2P_{18}x$	127.1	128.7	129.6	132.8	129.2	128.9	131.9	131.0	132.4	139.1
$P_2P_{23}x$	31.0	33.1	36.4	34.9	35.7	31.3	37.7	32.4	26.5	38.7
$P_{23}P_{24}y$	52.8	52.6	53.1	58.6	62.5	60.7	55.1	63.0	52.4	55.2
$GP_{13}P_{26}$	266.0	288.4	280.5	296.6	304.5	280.6	278.3	283.9	273.3	283.2
GP_1P_{22}	196.1	216.7	208.5	218.1	226.8	214.7	201.6	216.2	216.6	206.6
$GP_{16}P_{18}$	192.9	213.6	205.3	214.1	223.6	205.0	199.3	208.7	213.1	204.6

序号	No.231	No.232	No.233	No.234	No.235	No.236	No.237	No.238	No.239	No.240
性别	女	女	女	女	女	女	女	女	女	女
年龄/岁	23	21	25	24	23	22	21	22	20	24
身高/mm	1600	1600	1600	1600	1610	1610	1610	1610	1610	1610
体重/kg	53	52	48	47	56	68	50	52	54	55
P_1P_2	126.2	110.5	132.1	120.4	111.1	124.7	115.6	121.0	109.4	112.8
O_mP_2	59.1	47.1	52.7	54.5	54.2	61.3	57.4	62.1	53.9	47.6
P_1P_2z	16.9	16.5	11.2	20.0	19.5	16.6	24.8	28.2	18.8	24.1
$P_{11}P_{12}$	53.3	50.1	50.9	52.3	54.8	58.9	56.5	52.4	53.0	54.9
GP_1P_2	304.9	271.2	317.0	288.3	267.1	300.6	273.1	296.6	265.0	272.4
P_5P_6	72.7	71.5	74.3	71.8	70.1	75.9	79.0	73.9	68.0	76.2
O_cP_6	43.4	36.8	37.4	43.9	45.4	39.8	43.0	46.8	44.4	37.5
P_9P_{10}	56.3	56.2	56.9	58.9	55.3	65.5	58.0	57.4	53.5	56.2
GP_5P_6	198.5	194.5	199.4	195.8	196.4	208.0	208.7	198.3	194.3	205.6
P_3P_4	64.0	58.7	65.6	65.0	63.5	73.1	64.7	63.1	61.4	63.0
P_3P_4x	3.2	8.7	2.4	14.3	10.9	14.8	10.8	7.7	10.4	10.1
P_3P_4z	5.2	6.4	12.3	10.2	8.9	15.7	11.1	8.4	7.9	10.1
GP_3P_4	243.8	225.2	239.2	232.1	223.8	244.1	228.2	238.0	221.9	226.1
Oz	55.5	53.9	52.0	54.2	53.8	61.8	56.4	50.2	51.9	54.4
O_mO+OO_f	68.5	54.9	71.9	59.7	55.5	62.9	55.2	66.5	53.1	53.9
O_mO_c	43.4	35.6	44.3	32.2	32.0	37.3	29.3	35.0	31.1	27.1
$P_{16}P_{18}y$	82.2	81.0	81.6	84.4	80.2	85.0	83.4	79.9	77.8	80.4
$P_2P_{15}x$	230.6	220.6	220.5	218.7	210.9	230.0	233.6	217.8	207.6	230.1
$P_2P_{16}x$	162.8	158.2	164.8	161.6	160.3	169.4	170.3	155.1	157.7	167.9
$P_2P_{18}x$	143.8	126.7	131.3	128.3	124.8	125.0	134.6	124.6	122.9	133.3
$P_2P_{23}x$	41.5	36.5	32.9	33.2	43.0	38.4	38.3	34.5	41.4	36.7
$P_{23}P_{24}y$	57.9	54.0	57.0	55.9	52.0	62.8	61.0	54.1	50.2	58.1
$GP_{13}P_{26}$	295.2	284.6	294.4	290.3	281.4	312.3	297.8	285.6	279.1	295.2
GP_1P_{22}	214.5	213.3	214.9	217.5	205.3	230.5	214.8	215.9	202.6	212.9
$GP_{16}P_{18}$	210.7	210.3	211.6	212.3	202.0	226.1	209.0	210.1	199.8	206.8

序号	No.241	No.242	No.243	No.244	No.245	No.246	No.247	No.248	No.249	No.250
性别	女	女	女	女	女	女	女	女	女	女
年龄/岁	20	20	22	23	22	21	21	23	20	23
身高/mm	1620	1620	1620	1620	1620	1620	1620	1620	1620	1620
体重/kg	48	52	49	54	49	49	49	48	54	46
P_1P_2	111.8	117.0	122.1	127.9	121.1	117.0	116.5	124.0	113.5	111.7
O_mP_2	48.9	49.5	60.9	48.7	53.0	55.8	54.8	51.8	59.8	51.4
P_1P_2z	15.0	23.1	16.5	17.4	21.4	21.1	18.6	12.6	24.0	18.6
$P_{11}P_{12}$	49.5	54.5	56.5	55.0	54.4	51.9	49.5	51.6	56.2	54.0
GP_1P_2	273.0	284.2	292.8	308.2	290.7	278.1	281.9	300.6	282.9	284.1
P_5P_6	71.8	76.5	73.8	75.0	72.8	69.6	69.0	70.7	71.2	73.4
O_cP_6	38.2	45.2	43.5	44.2	41.8	45.6	33.5	44.9	40.7	45.6
P_9P_{10}	53.7	59.7	62.3	58.6	61.1	58.1	56.4	56.7	57.7	59.4
GP_5P_6	189.0	205.5	204.2	202.3	198.1	189.4	189.2	196.6	206.9	201.6
P_3P_4	60.9	65.0	68.4	65.0	67.7	66.1	61.8	64.0	66.0	65.8
P_3P_4x	7.5	8.9	9.5	4.8	15.6	9.8	5.8	4.3	16.6	1.9
P_3P_4z	8.7	11.7	7.7	5.9	11.8	9.9	7.7	8.0	6.8	5.0
GP_3P_4	221.4	246.5	235.2	246.6	235.7	230.9	232.3	240.2	237.7	239.9
Oz	54.9	54.9	51.9	57.7	55.0	56.2	45.9	49.1	51.7	53.1
O_mO+OO_f	67.2	59.1	68.8	70.8	62.3	61.0	57.4	58.3	56.3	65.4
O_mO_c	42.5	37.7	46.4	45.0	34.8	36.2	36.1	36.1	34.3	45.6
$P_{16}P_{18}y$	87.4	84.1	82.6	84.5	86.4	78.7	81.5	84.5	86.3	88.0
$P_2P_{15}x$	228.0	222.0	234.6	233.9	220.3	223.7	220.4	219.1	217.6	230.1
$P_2P_{16}x$	164.4	165.9	171.9	165.3	164.3	161.2	161.6	163.4	157.8	170.1
$P_2P_{18}x$	135.7	130.8	141.3	145.9	131.2	133.6	131.4	130.0	132.2	135.8
$P_2P_{23}x$	27.6	34.2	40.9	43.4	34.9	39.3	38.8	41.4	42.4	34.5
$P_{23}P_{24}y$	55.0	54.6	57.1	59.7	58.0	56.9	57.5	57.6	53.5	61.7
$GP_{13}P_{26}$	275.9	291.7	286.7	298.6	294.2	281.2	279.9	287.7	291.9	296.5
GP_1P_{22}	217.5	219.9	210.6	217.2	220.4	203.6	209.0	217.2	218.4	222.3
$GP_{16}P_{18}$	215.6	215.8	207.1	214.0	214.6	201.7	205.3	214.4	217.0	220.3

序号	No.251	No.252	No.253	No.254	No.255	No.256	No.257	No.258	No.259	No.260
性别	女	女	女	女	女	女	女	女	女	女
年龄/岁	24	23	22	23	22	22	20	23	20	22
身高/mm	1620	1620	1630	1630	1630	1630	1630	1630	1630	1630
体重/kg	64	51	53	54	63	60	55	53	52	49
P_1P_2	111.6	118.9	129.9	110.5	114.2	118.8	123.6	120.0	118.9	112.4
O_mP_2	60.0	60.2	52.1	47.9	53.4	53.5	56.8	53.0	59.6	46.8
P_1P_2z	25.7	20.2	9.8	21.9	21.9	26.7	21.9	24.0	22.5	14.5
$P_{11}P_{12}$	63.8	53.5	57.5	53.2	58.1	58.3	59.7	53.3	54.5	50.3
GP_1P_2	282.1	290.6	306.6	266.1	299.5	292.4	301.9	293.3	286.5	273.2
P_5P_6	77.7	74.1	74.7	74.7	74.6	74.7	78.7	69.8	72.9	76.2
O_cP_6	51.6	45.6	37.3	37.1	39.7	41.5	50.7	43.2	37.6	42.2
P_9P_{10}	63.9	58.9	59.1	56.7	63.2	61.7	63.3	61.7	60.3	56.7
GP_5P_6	222.5	201.0	209.7	200.3	209.6	210.0	220.0	193.4	200.4	197.6
P_3P_4	69.0	62.7	66.7	64.2	71.1	70.9	71.2	68.1	66.7	62.4
P_3P_4x	11.8	14.4	6.5	12.0	7.9	4.5	13.8	12.4	7.7	5.2
P_3P_4z	9.9	6.9	5.7	7.1	12.3	14.0	8.5	8.6	8.4	7.5
GP_3P_4	249.2	227.9	245.9	226.7	249.7	245.3	252.9	233.7	239.2	235.2
Oz	55.1	56.1	54.7	57.1	61.8	54.9	59.5	55.2	51.8	56.5
O_mO+OO_f	48.9	59.6	61.9	57.3	60.5	66.3	64.9	66.7	63.6	56.5
O_mO_c	26.9	29.5	40.0	33.5	40.4	38.8	41.0	40.1	40.7	36.7
$P_{16}P_{18}y$	83.0	85.4	81.2	79.7	86.7	86.5	89.5	78.1	83.6	82.7
$P_2P_{15}x$	219.6	214.8	231.8	219.9	232.6	234.2	239.6	219.9	225.5	219.9
$P_2P_{16}x$	156.9	162.4	164.7	161.2	166.3	171.8	173.5	159.4	166.6	165.2
$P_2P_{18}x$	127.4	128.6	138.2	125.5	140.3	142.5	141.6	132.3	140.9	132.1
$P_2P_{23}x$	34.3	41.9	38.4	33.5	42.4	39.8	31.3	34.9	39.8	32.1
$P_{23}P_{24}y$	60.3	59.1	62.4	52.8	62.3	60.1	58.0	57.2	55.4	54.6
$GP_{13}P_{26}$	300.6	298.1	309.6	284.0	307.6	301.3	307.5	292.6	297.9	292.4
GP_1P_{22}	223.4	217.6	213.6	209.8	224.4	220.0	231.6	211.2	208.8	213.8
$GP_{16}P_{18}$	220.6	213.5	212.0	205.1	222.9	220.6	228.4	210.4	208.7	212.5

序号	No.261	No.262	No.263	No.264	No.265	No.266	No.267	No.268	No.269	No.270
性别	女	女	女	女	女	女	女	女	女	女
年龄/岁	20	23	26	22	25	23	23	22	23	24
身高/mm	1630	1640	1640	1640	1640	1650	1650	1650	1650	1650
体重/kg	53	57	54	55	54	57	54	49	52	52
P_1P_2	118.9	126.0	129.8	123.8	108.7	118.2	115.5	130.2	120.6	114.2
O_mP_2	55.8	62.1	48.6	58.5	51.7	56.6	54.3	53.0	56.5	57.1
P_1P_2z	20.3	23.2	22.5	13.2	21.1	23.6	25.7	30.6	23.7	16.3
$P_{11}P_{12}$	60.3	60.9	58.0	59.5	51.1	62.5	57.5	59.6	56.2	52.6
GP_1P_2	293.5	305.7	313.1	299.9	263.3	288.7	285.3	312.0	289.7	275.6
P_5P_6	76.4	80.7	76.5	80.9	72.8	79.6	73.5	78.2	75.0	77.5
O_cP_6	46.3	50.2	43.2	45.1	40.9	51.8	42.5	42.9	37.4	40.2
P_9P_{10}	64.8	65.4	65.8	60.5	54.4	62.7	60.1	62.3	62.2	59.2
GP_5P_6	211.3	223.4	207.7	225.9	196.8	222.6	208.4	215.2	203.5	202.0
P_3P_4	69.7	73.5	73.4	64.7	61.9	67.8	67.7	70.9	68.9	64.6
P_3P_4x	12.2	15.7	13.8	12.9	11.2	4.2	18.4	9.1	9.3	6.2
P_3P_4z	13.6	8.8	13.4	8.0	6.3	8.4	7.8	9.6	9.7	7.6
GP_3P_4	245.3	256.8	248.2	244.5	222.9	245.7	240.1	252.9	241.4	238.6
Oz	52.5	61.5	58.5	54.0	55.1	51.8	53.2	60.2	53.4	58.6
O_mO+OO_f	52.7	67.5	74.0	52.5	54.5	55.2	59.2	68.6	65.7	58.1
O_mO_c	31.0	41.7	52.4	27.2	32.1	30.7	35.0	39.5	42.1	38.1
$P_{16}P_{18}y$	88.5	90.6	80.4	83.2	76.5	85.3	88.9	87.3	85.7	84.2
$P_2P_{15}x$	221.4	242.9	243.8	235.9	217.0	228.1	219.8	237.8	228.1	222.9
$P_2P_{16}x$	162.5	177.2	180.2	168.8	157.9	156.3	160.1	173.7	170.1	168.5
$P_2P_{18}x$	135.3	143.9	150.2	132.4	123.3	125.0	134.6	149.6	142.8	134.8
$P_2P_{23}x$	31.2	33.2	36.6	37.7	32.2	31.6	44.4	30.7	41.0	33.5
$P_{23}P_{24}y$	58.2	59.7	57.5	57.9	50.8	55.3	54.8	60.1	57.5	55.9
$GP_{13}P_{26}$	299.0	309.6	306.4	309.9	282.0	293.0	295.5	313.8	300.8	294.4
GP_1P_{22}	225.6	233.4	225.2	220.1	205.6	229.6	222.3	227.3	212.1	216.6
$GP_{16}P_{18}$	219.9	231.7	214.0	215.3	202.0	228.8	220.3	222.0	211.6	215.6

序号	No.271	No.272	No.273	No.274	No.275	No.276	No.277	No.278	No.279	No.280
性别	女	女	女	女	女	女	女	女	女	女
年龄/岁	22	21	23	22	22	22	20	22	23	27
身高/mm	1650	1650	1650	1650	1650	1650	1660	1660	1660	1660
体重/kg	61	51	54	49	65	60	54	51	54	54
P_1P_2	118.3	115.7	127.5	127.7	119.2	111.7	126.7	126.4	121.8	119.6
O_mP_2	61.2	57.2	50.5	58.4	57.4	46.0	49.3	63.6	62.2	49.7
P_1P_2z	30.5	22.6	9.0	29.4	11.5	20.7	14.6	13.7	25.2	14.2
$P_{11}P_{12}$	55.0	60.3	56.5	57.6	56.1	56.5	60.5	52.9	54.5	53.4
GP_1P_2	288.6	285.8	302.4	309.3	289.0	296.6	302.3	303.8	295.1	290.8
P_5P_6	77.0	77.6	73.2	76.4	76.0	73.3	82.6	72.9	72.6	73.4
O_cP_6	40.2	40.4	46.1	45.9	46.5	36.0	44.3	43.2	38.2	45.5
P_9P_{10}	61.5	61.2	57.2	61.2	57.4	61.1	62.9	59.0	64.2	57.9
GP_5P_6	208.4	219.9	205.5	212.8	206.8	207.4	229.3	199.8	196.1	199.5
P_3P_4	69.4	66.3	64.0	68.7	66.8	69.2	67.6	65.3	69.7	65.2
P_3P_4x	11.7	2.0	5.6	7.9	8.2	6.9	14.3	5.3	13.0	8.2
P_3P_4z	18.9	8.2	4.2	7.8	10.7	11.8	9.2	8.5	9.3	7.5
GP_3P_4	245.8	242.5	242.8	249.8	239.6	246.6	246.8	242.3	236.1	226.1
Oz	55.9	50.0	52.5	58.0	53.4	60.5	56.2	50.7	56.9	55.3
O_mO+OO_f	64.4	52.9	59.8	67.4	55.8	59.1	54.9	59.4	68.3	57.5
O_mO_c	39.3	30.3	38.7	37.7	36.3	38.5	28.7	37.6	41.2	38.8
$P_{16}P_{18}y$	83.0	83.3	80.2	84.1	81.4	84.8	85.4	87.3	80.0	86.7
$P_2P_{15}x$	224.1	224.1	228.7	235.6	219.8	229.9	239.1	221.9	222.5	226.6
$P_2P_{16}x$	166.7	153.7	161.8	170.6	159.8	164.2	171.3	165.7	161.4	168.7
$P_2P_{18}x$	138.8	123.3	135.2	147.8	132.6	137.4	134.6	131.2	134.0	138.2
$P_2P_{23}x$	34.7	30.0	37.2	29.5	35.8	40.9	39.8	42.0	35.9	31.6
$P_{23}P_{24}y$	55.9	53.9	60.0	56.9	56.7	60.4	60.8	59.1	58.2	56.9
$GP_{13}P_{26}$	295.4	289.1	305.8	310.5	295.7	304.4	313.8	290.1	296.5	295.1
GP_1P_{22}	213.3	225.9	210.5	224.9	214.5	221.2	223.4	221.0	215.9	216.9
$GP_{16}P_{18}$	204.9	225.0	210.3	219.8	214.0	219.7	219.2	217.6	213.9	215.8

序号	No.281	No.282	No.283	No.284	No.285	No.286	No.287	No.288	No.289	No.290
性别	女	女	女	女	女	女	女	女	女	女
年龄/岁	22	18	18	22	25	21	23	21	23	22
身高/mm	1660	1660	1660	1660	1660	1660	1660	1660	1670	1670
体重/kg	54	52	50	55	52	50	58	55	58	52
P_1P_2	120.6	127.5	116.2	121.6	118.1	119.5	116.6	115.4	120.8	120.4
O_mP_2	57.1	49.3	59.8	51.0	58.2	61.3	58.1	52.1	62.7	48.5
P_1P_2z	21.4	11.1	22.2	15.2	13.7	20.0	29.4	24.9	22.1	15.7
$P_{11}P_{12}$	55.5	48.6	55.3	55.6	52.2	55.2	54.0	58.2	62.4	55.6
GP_1P_2	294.6	304.0	279.2	294.4	287.9	287.4	285.9	283.5	295.3	287.7
P_5P_6	75.2	71.1	76.1	72.2	72.0	73.3	75.5	78.7	77.7	68.1
O_cP_6	38.8	41.3	46.1	39.4	38.4	42.3	42.5	45.9	50.8	39.8
P_9P_{10}	60.5	55.8	57.2	62.6	55.7	60.3	59.9	62.9	66.0	57.1
GP_5P_6	204.2	191.8	205.6	202.3	194.4	199.8	204.8	219.1	214.0	195.7
P_3P_4	64.9	66.0	63.4	70.4	62.0	65.9	67.8	67.4	71.4	66.9
P_3P_4x	15.3	9.9	13.2	5.6	7.1	6.9	10.3	13.6	13.1	20.9
P_3P_4z	7.8	13.3	7.7	8.2	6.9	5.5	18.0	10.3	14.5	7.6
GP_3P_4	230.2	241.9	227.6	236.1	223.3	243.2	242.6	248.0	249.1	227.0
Oz	57.0	51.9	54.9	55.3	53.3	53.7	53.5	54.7	53.4	54.1
O_mO+OO_f	61.9	74.1	54.4	59.1	56.0	61.3	62.8	56.3	54.7	55.1
O_mO_c	30.6	50.1	28.6	36.6	37.4	39.3	38.0	33.1	32.5	31.4
$P_{16}P_{18}y$	86.8	83.3	79.8	85.9	84.9	82.8	81.1	85.3	90.8	83.7
$P_2P_{19}x$	218.4	234.4	230.0	233.4	223.9	225.8	221.4	229.1	223.5	223.1
$P_2P_{16}x$	166.4	170.7	171.1	167.0	166.6	164.7	164.2	163.0	165.3	161.9
$P_2P_{18}x$	130.2	141.8	130.3	139.1	136.5	137.6	136.7	131.5	137.3	123.7
$P_2P_{23}x$	44.1	35.1	40.3	34.7	29.5	34.3	33.2	39.7	33.6	40.7
$P_{23}P_{24}y$	61.5	56.1	57.8	54.6	54.0	55.9	54.6	58.0	59.4	61.9
$GP_{13}P_{26}$	301.6	296.1	298.7	296.6	291.3	298.5	292.1	297.6	301.0	296.0
GP_1P_{22}	220.4	210.9	214.0	219.9	214.8	215.3	210.4	222.4	229.8	222.7
$GP_{16}P_{18}$	216.8	211.9	212.3	213.6	213.2	207.2	203.2	219.9	222.4	211.0

序号	No.291	No.292	No.293	No.294	No.295	No.296	No.297	No.298	No.299	No.300
性别	女	女	女	女	女	女	女	女	女	女
年龄/岁	21	27	20	23	23	23	23	20	21	23
身高/mm	1670	1670	1680	1680	1680	1680	1680	1690	1690	1690
体重/kg	66	52	54	48	62	53	61	53	53	52
P_1P_2	121.6	128.3	118.6	114.6	121.4	121.2	116.7	129.1	122.4	123.5
O_mP_2	52.1	49.4	54.8	59.2	56.7	53.4	57.7	57.5	51.6	49.0
P_1P_2z	15.7	21.1	23.5	19.9	12.1	20.3	25.4	11.8	16.5	16.8
$P_{11}P_{12}$	57.7	56.2	56.7	55.5	57.1	56.4	56.2	50.0	57.5	57.3
GP_1P_2	296.2	309.5	282.2	287.2	291.8	290.1	289.8	307.0	291.5	297.2
P_5P_6	74.5	75.0	77.8	74.5	77.9	74.6	73.3	73.0	69.2	74.8
O_cP_6	39.7	40.2	45.7	40.3	44.5	46.3	36.1	39.4	41.6	37.9
P_9P_{10}	63.4	63.9	58.9	62.4	59.0	61.6	59.4	59.4	59.3	64.9
GP_5P_6	204.9	203.6	208.7	204.4	209.7	202.9	206.9	193.9	198.9	205.3
P_3P_4	70.8	70.4	65.4	68.2	69.4	68.4	68.6	68.5	69.2	71.8
P_3P_4x	13.4	12.8	14.3	3.2	9.6	8.1	2.9	11.3	22.4	7.2
P_3P_4z	14.5	12.3	8.6	5.5	11.2	6.8	13.6	14.4	8.3	9.8
GP_3P_4	240.1	245.5	231.3	243.9	242.4	245.6	242.8	246.0	230.6	238.5
Oz	59.9	56.2	56.3	56.0	55.6	55.4	52.3	53.5	56.5	57.4
O_mO+OO_f	60.6	71.5	56.2	68.0	58.7	63.4	64.1	76.0	58.0	61.7
O_mO_c	35.8	50.7	30.6	47.2	37.8	41.8	37.6	51.8	32.8	38.7
$P_{16}P_{18}y$	83.4	78.7	81.0	89.4	83.4	85.6	84.9	84.8	85.3	87.8
$P_2P_{15}x$	226.6	241.7	233.1	233.7	221.8	229.9	230.0	238.6	226.5	237.5
$P_2P_{16}x$	166.4	178.6	172.3	172.0	162.2	166.9	169.0	172.8	163.6	169.8
$P_2P_{18}x$	122.6	148.8	131.9	137.7	134.8	140.6	140.4	144.0	124.9	140.4
$P_2P_{23}x$	37.1	35.0	41.7	36.2	37.5	35.0	38.2	36.1	42.0	35.8
$P_{23}P_{24}y$	60.2	55.9	60.5	64.3	58.6	58.2	59.1	58.4	63.8	58.0
$GP_{13}P_{26}$	309.2	303.7	300.0	299.6	299.3	302.3	297.4	298.5	298.6	299.2
GP_1P_{22}	227.9	222.2	216.9	225.1	217.7	217.5	217.1	214.6	225.2	223.5
$GP_{16}P_{18}$	222.0	211.3	214.6	223.6	216.7	210.3	216.4	214.0	214.0	217.1

序号	No.301	No.302	No.303	No.304	No.305	No.306	—	—	—	—
性别	女	女	女	女	女	女	—	—	—	—
年龄/岁	21	23	23	23	27	21	—	—	—	—
身高/mm	1690	1710	1720	1730	1730	1730	—	—	—	—
体重/kg	58	55	56	52	62	52	—	—	—	—
P_1P_2	117.3	127.3	125.3	131.7	127.2	130.1	—	—	—	—
O_mP_2	56.1	63.8	58.7	55.6	65.7	58.4	—	—	—	—
P_1P_2z	25.9	18.2	16.5	21.7	19.5	20.4	—	—	—	—
$P_{11}P_{12}$	59.9	53.5	52.2	52.4	61.1	50.6	—	—	—	—
GP_1P_2	286.9	302.3	299.0	317.5	312.6	314.3	—	—	—	—
P_5P_6	80.0	77.7	76.7	75.4	82.7	73.7	—	—	—	—
O_cP_6	49.2	49.7	50.1	41.6	43.7	44.2	—	—	—	—
P_9P_{10}	65.4	60.5	59.4	61.9	67.5	59.3	—	—	—	—
GP_5P_6	220.7	204.8	201.0	201.3	222.8	199.1	—	—	—	—
P_3P_4	69.9	70.7	68.5	66.8	72.6	64.3	—	—	—	—
P_3P_4x	14.5	9.0	8.1	14.9	9.5	13.7	—	—	—	—
P_3P_4z	10.6	10.9	10.6	8.1	8.8	6.4	—	—	—	—
GP_3P_4	250.1	257.5	254.6	242.5	261.0	240.1	—	—	—	—
Oz	57.9	54.7	51.7	55.3	56.4	52.9	—	—	—	—
O_mO+OO_f	58.8	68.3	66.2	76.6	58.7	74.2	—	—	—	—
O_mO_c	35.3	47.9	45.5	44.9	34.4	43.6	—	—	—	—
$P_{16}P_{18}y$	88.0	81.9	80.1	96.6	88.6	93.8	—	—	—	—
$P_2P_{15}x$	232.8	233.1	231.6	234.4	244.1	232.3	—	—	—	—
$P_2P_{16}x$	165.4	162.4	160.2	173.5	181.4	170.9	—	—	—	—
$P_2P_{18}x$	134.5	142.7	140.0	147.9	154.4	145.8	—	—	—	—
$P_2P_{23}x$	42.0	37.9	36.7	33.0	35.4	32.2	—	—	—	—
$P_{23}P_{24}y$	60.7	55.3	52.3	54.7	59.3	53.3	—	—	—	—
$GP_{13}P_{26}$	300.2	306.9	302.4	302.7	317.6	299.7	—	—	—	—
GP_1P_{22}	225.6	213.8	211.7	228.8	222.5	226.0	—	—	—	—
$GP_{16}P_{18}$	222.2	210.0	208.9	228.4	216.8	225.0	—	—	—	—

参考文献

[1]   Brockett C L, Chapman G. Biomechanics of the ankle[J]. Orthopaedics and Trauma, 2016, 30(3): 232-238.

[2]   Arndt A, Westblad P, Winson I, et al. Ankle and subtalar kinematics measured with intracortical pins during the stance phase of walking[J]. Foot & Ankle International, 2004, 25(5): 357-364.

[3]   Sheehan F T. The instantaneous helical axis of the subtalar and talocrural joints: a non-invasivein vivodynamic study[J]. Journal of Foot & Ankle Research, 2010, 3(1): 13.

[4]   Cho H J, Kwak D S, Kim I B. Analysis of movement axes of the ankle and subtalar joints: Relationship with the articular surfaces of the talus[J]. Proceedings of the Institution of Mechanical Engineers Part H Journal of Engineering in Medicine, 2014, 228(10): 1053-1058.

[5]   Leardini A, O'Connor J J, Catani F, et al. A geometric model of the human ankle joint[J]. Journal of Biomechanics, 1999, 32(6): 585-591.

[6]   Claassen L, Luedtke P, Yao D, et al. The geometrical axis of the talocrural joint——Suggestions for a new measurement of the talocrural joint axis[J]. Foot & Ankle Surgery, 2019, 25(3): 371-377.

[7]   Dul J, Johnson G E. A kinematic model of the human ankle[J]. Journal of Biomedical Engineering, 1985, 7(2): 137-143.

[8]   Belvedere C, Siegler S, Ensini A,et al. Experimental evaluation of a new morphological approximation of the articular surfaces of the ankle joint[J]. Journal of Biomechanics, 2017, 53(28): 97-104.

[9]   Wang K, Tobajas P T, Liu J,et al. Towards a 3D passive dynamic walker to study ankle and toe functions during walking motion[J]. Robotics and Autonomous Systems, 2019, 115: 49-60.

[10] Francesca M, Eduardo P, Zaccaria D P, et al. Using an ankle robotic device for motor performance and motor learning evaluation[J]. Heliyon, 2020, 6(1): e03262.

[11] James S. Biomechanics of the ankle[J]. American Journal of Sports Medicine, 1977, 5(6): 231-234.

[12] Zwipp H, Randt T. Ankle joint biomechanics[J]. Foot & Ankle Surgery, 1994, 1(1): 21-27.

[13] Wiewiorski M, Hoechel S, Anderson A E, et al. Computed Tomographic Evaluation of Joint Geometry in Patients With End-Stage Ankle Osteoarthritis[J]. Foot & Ankle International, 2016, 37(6): 644-651.

[14] Grimston S K, Nigg B M, Hanley D A, et al. Differences in ankle joint complex range of motion as a function of age [J]. Foot & Ankle International, 1993, 14(4): 215-222.

[15] 张春强, 吉晓民, 薛艳敏, 等. 足踝关节复合运动模拟与测量. 机械科学与技术, 2021, 40(4):542-547.

[16] Burdett, Ray G. Forces predicted at the ankle during running[J]. Medicine & Science in Sports & Exercise, 1982, 14: 308-316.

[17] Fong D T P, Hong Y, Chan L K. A Systematic Review on Ankle Injury and Ankle Sprain in Sports[J]. Sports Medicine, 2007, 37(1): 73-94.

[18] Waterman B R, Belmont P J, Cameron K L, et al. Epidemiology of ankle sprain at the United States military academy. The American Journal of Sports Medicine, 2010, 38(4): 797-803.

[19] Doherty C, Delahunt E, Caulfield B, et al. The incidence and prevalence of ankle sprain injury: a systematic review and metaanalysis of prospective epidemiological studies. Sports Medicine , 2014, 44(1): 123-140.

[20] Welton K L, Kraeutler M J, Pierpoint L A, et al. Injury recurrence among high school athletes in the United States: a decade of patterns and trends, 2005–2006 through 2015–2016[J]. The Orthopaedic Journal of Sports Medicine, 2018, 6(1): 2325967117745788.

[21] Panagiotakis E, Mok K M, Fong D T P, et al. Biomechanical analysis of ankle ligamentous sprain injury cases from televised basketball games: understanding when, how and why ligament failure occurs[J]. Journal of Science and Medicine in Sport, 2017, 20(12): 1057-1061.

[22] Fong D T P. Kinematics analysis of five ankle inversion ligamentous sprain injury cases in tennis[J]. American Journal of Sports Medicine, 2012, 40(11): 2627-2632.

[23] 赵文悦, 孟庆华, 鲍春雨. 羽毛球运动员足踝落地瞬间生物力学特征与运动风险分析[J]. 医用生物力学, 2021, 36(05): 805-810.

[24] Kranz M, Holleis P, Schmidt A. Kinematics analysis of ankle inversion ligamentous sprain injuries in sports: 2 cases during the 2008 Beijing Olympics[J]. American Journal of Sports Medicine, 2011, 39(7): 1548-52.

[25] 吴成亮. 高水平体操运动员落地冲击时踝关节的生物力学研究[D]. 上海体育学院, 2019.

[26] Bricknell M C M, Craig S C. Military parachute injuries: a literature review[J]. Occupational Medicine, 1999, 49(1): 17-26.

[27] Kristen K H, Stefanie Syre C M, Kroner A. Windsurfifing-sports medical aspects[J]. Sports Orthopaedics & Traumatology, 2007, 23: 98-104.

[28] Kristen K H. Foot and ankle injuries in surfing, windsurfing, Kitesurfing: A follow up study and review of the literature [J]. Sports Orthopaedics & Traumatology, 2018, 34(3): 265-270.

[29] Hohn E, Robinson S, Merriman J, et al. Orthopedic injuries in professional surfers: a retrospective study at a single orthopedic center[J]. Clinical Journal of Sport Medicine Official Journal of the Canadian Academy of Sport Medicine, 2020, 30(4): 378-382.

[30] Inada K, Matsumoto Y, Kihara T, et al. Acute injuries and chronic disorders in competitive surfing : From the survey of professional surfers in Japan[J]. Sports Orthopaedics & Traumatology, 2018, 34(3): 256-260.

[31] Songning Zhang, Qingjian Chen, Michael Wortley, et al. 地表面倾斜度与踝关节护具对

垂直着地运动中地面反作用力、踝关节运动学和动力学的效应 [J]. 体育科研, 2015, 36(01): 1-10.

[32] Hodgson B, Tis L, Cobb S, et al. The effect of external ankle support on vertical ground-reaction force and lower body kinematics[J]. Journal of Sport Rehabilitation, 2005, 14(4): 301-312.

[33] Wilkerson G B, Caturano R W. Invertor versus evertor peak torque and power deficiencies associated with later ankle ligament injury[J]. Journal of Orthopaedic and Sports Physical Therapy, 1997, 26(2) : 78-86.

[34] Safran M R, Benedetti R S, Bartolozzi A R, et al. Lateral ankle sprains: A comprehensive review: part 1: etiology, pathoanatomy, histopathogenesis, and diagnosis[J]. Medicine & Science in Sports & Exercise, 1999, 31(7S) : S429-S437.

[35] Marcus Hollis J , Dale Blasier R , Flahiff C M . Simulated lateral ankle ligamentous injury Change in ankle stability[J]. The American Journal of Sports Medicine, 1995, 23(6): 672-677.

[36] Kranz M, Holleis P, Schmidt A. Kinematics analysis of ankle inversion ligamentous sprain injuries in sports: 2 cases during the 2008 Beijing Olympics[J]. American Journal of Sports Medicine, 2011, 39(7): 1548-52.

[37] Panagiotakis E, Mok K M, Fong D T P, et al. Biomechanical analysis of ankle ligamentous sprain injury cases from televised basketball games: understanding when, how and why ligament failure occurs[J]. Journal of Science and Medicine in Sport, 2017, 20(12): 1057-1061.

[38] Fong D T P. Kinematics analysis of five ankle inversion ligamentous sprain injury cases in tennis[J]. American Journal of Sports Medicine, 2012, 40(11): 2627-2632.

[39] Asundi K, Odell D, Luce A, et al. Changes in posture through the use of simple inclines with notebook computers placed on a standard desk[J]. Applied Ergonomics, 2012, 43(2): 400-407.

[40] Asundi K, Odell D, Luce A, et al. Notebook computer use on a desk, lap and lap support: Effects on posture, performance and comfort[J]. Ergonomics, 2010, 53(1): 74-82.

[41] Zhang C Q, Ji X M, Xue Y M, et al. Comfort of Minors' Sitting Posture in Learning Based on Motion Capture[C]. Advances in Mechanical Design. 2020: 864-876.

[42] Cai D C, Chen H L. Ergonomic approach for pillow concept design[J]. Applied Ergonomics, 2016, 52: 142-150.

[43] Yamamoto T, Kigawa A, Xu T. Effectiveness of functional ankle taping for judo athletes: a comparison between judo bandaging and taping[J]. British Journal of Sports Medicine, 1993, 27(2): 110-112.

[44] Halim-Kertanegara S, Raymond J, Hiller C E, et al. The effect of ankle taping on functional performance in participants with functional ankle instability[J]. Physical Therapy in Sport, 2016, 23: 162-167.

[45] Sheng-Che Y, Eric F, Friend K A, et al. Effects of kinesiotaping and athletic taping on ankle

kinematics during walking in individuals with chronic ankle instability: A pilot study[J]. Gait & Posture, 2018, 66: 118-123.

[46] Dewar R A, Arnold G P, Wang W, et al. Comparison of 3 ankle braces in reducing ankle inversion in a basketball rebounding task[J]. The Foot, 2019, 39: 129-135.

[47] Fong D T P, Chan Y Y, Hong Y, et al. A three-pressure-sensor (3PS) system for monitoring ankle supination torque during sport motions[J]. Journal of Biomechanics, 2008, 41(11): 2562-2566.

[48] Lynsey N, Gautrey C N, Lindsay B, et al. Full gait cycle analysis of lower limb and trunk kinematics and muscle activations during walking in participants with and without ankle instability[J]. Gait & Posture, 2018, 64:114.

[49] Pekedis M, Ozan F, Yildiz H. Developing of a three dimensional foot ankle model based on CT images and non liner analysis of anterior drawer test by using the finite element method[J]. J Biomech, 2011, 44(1): 14.

[50] 汤运启. 基于高速荧光透视成像的运动鞋帮高对足踝侧切动作影响的生物力学研究 [D]. 上海体育学院, 2021.

[51] 王清, 郝卫亚, 刘卉, 等. 运动生物力学学科发展现状及前景 [J]. 体育科研, 2016, 37(3):91-95.

[52] 姜宏. 大尺寸复杂零件反求关键技术研究及应用 [D]. 新疆大学博士学位论文, 2012.

[53] 周冰. 外鼻缺损修复的个性化三维仿真设计及快速成型研究 [D]. 中国人民解放军第四军医大学博士学位论文, 2008.

[54] 吴怀宇. 3D 打印三维智能数字化创造 [M]. 北京：电子工业出版社, 2014.

[55] 胡钢. 带参广义 Bézier 曲线曲面的理论及应用研究 [D]. 西安理工大学博士学位论文, 2016.

[56] Ferguson J. Multivariable curve interpolation [R]. Report No. D2-22504, The Boeing Co., Seattle, Washington, 1963.

[57] Ferguson J. Multivariable curve interpolation[J]. Journal ACM, 1964, 11(2): 221-228.

[58] Coons S A. Surfaces for computer-aided design of space figures[R]. Cambridge, MA, USA: 1964.

[59] Coons S A. Surfaces for computer aided design of space forms[R]. MIT Project M-AC-TR 411, June, l967.

[60] Bézier P. Numerical Control: Mathematics and Applications[M]. John Wiley and Sons, New York, 1972.

[61] De Boor C. On Calculation with B-spline[J]. Journal of Approximation Theory, 1972, 6(1): 50-62.

[62] Gordon W J, Riesenfeld R F. Bernstein-Bézier methods for the computer aided geometric design of free-form curves and surfaces[J]. Journal ACM, 1974, 21(2): 293-310.

[63] Versprille K J. Computer-aided design applications of the rational B-spline approximation form[D]. PhD thesis. Syracuse, NY USA: 1975.

[64] Piegl L, Tiller W. Curve and surface constructions using rational B-splines[J]. Computer-

Aided Design, 1987, 19(9): 485-498.

[65] Tiller W. Knot-remove algorithms for NURBS curves and surfaces[J]. Computer-Aided Design, 1992, 24: 445-453.

[66] Farin G. From conics to NURBS: A tutorial and survey[J]. IEEE Computer Graphics and its Application, 1992, 12(5): 78-86.

[67] 孟凡文. 面向光栅投影的点云预处理与曲面重构技术研究 [D]. 南昌大学博士学位论文, 2010.

[68] 李晓捷. 基于深度相机的三维人体重建及在服装展示方面的技术研究 [D]. 天津工业大学博士学位论文, 2015.

[69] Oruc H, Philips G M. Q-Bernstein Polynomials and Bézier curves [J]. Journal of computational & applied mathematics, 2003, 151(1): 1-12.

[70] Zheng J.C-curves and surface[J]. Graphical models & image processing, 1999, 61(1): 2-15.

[71] Fan J H, Zhang J W, Zhou H. Shape Modification of C-Bézier Curves [J]. Journal of software, 2002, 13(11): 2194-2200.

[72] 刘飞, 秦新强, 胡钢. CE-Bézier 曲线曲面光滑拼接的研究 [J]. 微电子学与计算机, 2009, 26(5):223-226.

[73] Wang G T, Yang Q M. Planar Cubic Hybrid Hyperbolic polynomial Curve and Its Shape Classification [J]. Progress in natural science: material international, 2004, 14(1): 41-46.

[74] 丁敏, 汪国强. 基于三角和代数多项式的 T-Bézier 曲线 [J]. 计算机学报, 2004, 27(8): 1021-1026.

[75] Wu X Q, Han X L. Extension of Cubic Bézier Curve[J]. Journal of engineering graphics, 2005, 26(6): 98-102.

[76] Han X A, Ma Y C, Huang X L. Shape Modification of Cubic Quasi-Bézier Curves[J]. Journal of Xian Jiaotong University, 2007, 41(8): 903-906.

[77] 胡钢, 秦新强, 韩西安, 等. 拟三次 Bézier 曲线曲面的拼接技术 [J]. 西安交通大学学报, 2010, 44(11): 46-50.

[78] 胡钢, 戴芳, 秦新强, 等. 四次带参 Bézier 曲线曲面的光滑拼接 [J]. 上海交通大学学报, 2010, 44(11): 1481-1485.

[79] 郭磊, 张春红, 胡钢. 基于 CE-Bézier 曲面的拖拉机造型设计 [J]. 华南农业大学学报, 2016, 37(4):112-116.

[80] 郭磊, 张春红, 胡钢. 基于四次带参广义 B-Bézier 曲面的汽车造型设计方法 [J], 中国机械工程, 2015, 26(23): 310-319.

[81] 郭磊, 阿丽莎, 胡钢. 双三次 Q-Bézier 曲面拼接的车身设计 [J]. 机械科学与技术, 2017, 36(1):114-118.

[82] 郭磊, 赵竞, 胡钢. 基于 ω-Bézier 曲线的陶瓷产品造型设计 [J]. 中国陶瓷, 2015, 9: 41-44.

[83] 郭磊, 赵竞, 胡钢. 基于多约束变形的产品造型定制设计 [J]. 机械设计, 2016, 1: 116-119.

[84] Tatlisumak E, Yavuz M S, Kutlu N, et al. Asymmetry, Handedness and auricle Morphometry

[J]. Anatomical Science International, 2015, 33(4): 1542-1548 .

[85]   Barut C, Aktunc E. Anthropometric measurements of the external ear in a group of Turkish Primary school students [J]. Aesthetic Plastic Surgery, 2006, 30(2): 255-259.

[86]   Ahmed A, Omer A. Estimation of sex from the anthropometric ear measurements of a Sudanese population[J]. International journal of Legal medicine, 2015, 17(5) :313-319.

[87]   Shireen S, Karadkhelkar V P. Anthropometric measurements of the human external ear[J]. Journal of evolution of medical and dental sciences, 2015, 59(4) :10333-10338.

[88]   Murgod V, Angadi P, Hallikerimath S, et al. Anthropometric study of the external ear and its applicability in sex identification: assessed in an Indian sample[J]. Australian journal of forensic science, 2013, 45(4): 431-444.

[89]   邓卫燕, 陆国栋, 王进, 等. 基于图像的三维人体特征参数提取方法 [J]. 浙江大学学报, 2010, 44(5): 837-840.

[90]   Zhang J, Li K, Liang Y, et al. Learning 3D faces from 2D images via stacked contractive autoencoder[J]. Neurocomputing, 2017, 257(sep.27): 67-78.

[91]   Skals S, Ellena T, Subic A, et al. Improving fit of bicycle helmet liners using 3D anthropometric data[J]. International journal of industrial ergonomics, 2016, 55: 86-95.

[92]   Bonin S J, Gardiner J C, Thomas A O, et al. The effect of motorcycle helmet fit on estimating head impact kinematics from residual liner crush[J]. Accident analysis and prevention, 2017,106(sep.): 315-326.

[93]   Ellena T, Subic A, Mustafa H, et al. The Helmet Fit Index – an intelligent tool for fit assessment and design customization[J]. Applied Ergonomics, 2016, 55: 194-207.

[94]   Abid H, Mohd J. 3D scanning applications in medical field: A literature-based review[J]. Clinical Epidemiology and Global Health, 2018, 7(2): 199-210.

[95]   Claassen L, Luedtke P , Yao D , et al. Ankle morphometry based on computerized tomography[J]. Foot and Ankle Surgery, 2019, 25(5): 674-678.

[96]   Yu J F, Lee K C, Wang R H, et al. Anthropometry of external auditory canal by non-contactable measurement[J]. Applied Ergonomics, 2015, 50: 50-55.

[97]   Harih G, Dolsak B. Tool-handle design based on a digital human hand model [J]. International journal of industrial ergonomics, 2013, 43(4): 288-295.

[98]   Volonghi P, Baronio G, Signoroni A. 3D scanning and geometry processing techniques for customised hand orthotics: an experimental assessment[J]. Virtual and Physical Prototyping, 2018, 13(12): 1-12.

[99]   Ji X M, Zhu Z H, Gao Z, et al. Anthropometry and classification of auricular concha for the ergonomic design of earphones[J]. Human Factors and Ergonomics in Manufacturing & Service Industries, 2018, 28: 90-99.

[100]   朱兆华. 入耳式耳机曲面造型设计方法研究 [D]. 西安理工大学博士学位论文, 2018.

[101]   Wang C S. An analysis and evaluation of fitness for shoe lasts and human feet[J]. Computers in Industry, 2010, 61(6): 532-540.

[102]   Baek S Y, Lee K. Statistical foot-shape analysis for mass-customisation of footwear[J].

International Journal of Computer Aided Engineering and Technology, 2016, 8(1/2): 80-98.

[103] Irzmańska M, Okrasa M. Evaluation of protective footwear fit for older workers (60+): A case study using 3D scanning technique[J]. International Journal of Industrial Ergonomics, 2018, 67: 27-31.

[104] Sun S P, Chou Y J, Sue C C. Classification and mass production technique for three-quarter shoe insoles using non-weight-bearing plantar shapes[J]. Applied Ergonomics, 2009, 40(4): 630-635.

[105] Lee Y C, Wang M J. Taiwanese adult foot shape classification using 3D scanning data [J]. Ergonomics, 2015, 58(3): 513-523.

[106] Sixiang P, Chee-Kooi C, Ip W H, et al. 3D Parametric Body Model Based on Chinese Female Anhtropometric Analysis[C]. Proceedings of the Third international conference on Digital human modeling, 2011: 22-29.

[107] Cheng Z Q, Chen Y, Martin R R, et al. Parametric modeling of 3D human body shape——A survey[J]. Computers & Graphics, 2017, 71(APR.): 88-100.

[108] Chu C H, Wang I J, Wang J B, et al. 3D parametric human face modeling for personalized product design[J]. Advanced Engineering Informatics, 2017, 32(C): 202-223.

[109] 沈大齐, 竺素丹. 医用弹力袜的压力设计 [J]. 西安工程大学学报, 1996, 10(02): 162-165.

[110] 徐军, 周晴. 运动内衣压力分布的主观评定 [J]. 纺织学报, 2005, 26(2): 77-81.

[111] Chan A P, Fan J T. Effect of clothing pressure on the tightness sensation of girdles[J]. International Journal of Clothing Science and Technology, 2002, 14(2): 100-110.

[112] 刘宇, 王永荣, 罗胜利, 等. 服装压力分布测试和理论预测模型的研究进展 [J]. 针织工业, 2019(02): 56-60.

[113] 王珊珊. 基于男子颈部三维模型的服装压感舒适性研究 [D]. 江南大学博士学位论文, 2017.

[114] 覃蕊. 足颈与袜口间接触压的有限元研究 [D]. 江南大学博士学位论文, 2011.

[115] Hill J, Howatson G, Van Someren K, et al. Compression garments and recovery from exercise-induced muscle damage: a meta-analysis[J]. British Journal of Sports Medicine, 2014, 48(18): 1340-1346.

[116] Engel F A, Holmberg H C, Sperlich B. Is There Evidence that Runners can Benefit from Wearing Compression Clothing?[J]. Sports Medicine, 2016, 46(12):1939-1952.

[117] Kemmler W, Stengel S V, Köckritz C, et al. Effect of compression stockings on running performance in men runners[J]. The Journal of Strength and Conditioning Research, 2009, 23(1): 101-105.

[118] Miyamoto N, Hirata K, Mitsukawa N, et al. Effect of pressure intensity of graduated elastic compression stocking on muscle fatigue following calf-raise exercise[J]. Journal of Electromyography and Kinesiology, 2011, 21(2): 249-254.

[119] Pavailler S, Forestier N, Hintzy F, et al. A soft ankle brace increases soleus Hoffman reflex amplitude but does not modify presynaptic inhibition during upright standing[J]. Gait &

Posture, 2016, 49: 448-450.

[120] Ziegler U. Delayed latency of peroneal reflex to sudden inversion with ankle taping or bracing[J]. International Journal of Sports Medicine, 2005, 26(6): 476-480.

[121] Papadopoulos E S, Nicolopoulos C, Baldoukas A, et al. The effect of different ankle brace–skin interface application pressures on the electromyographic peroneus longus reaction time[J]. The Foot, 2005, 15(4): 175-179.

[122] Papadopoulos E S, Nicolopoulos C, Baldoukas A, et al. The effect of different skin-ankle brace application pressures on quiet single-limb balance and electromyographic activation onset of lower limb muscles[J]. BMC Musculoskeletal Disorders, 2007, 8: 89.

[123] Pratt J, West G. Pressure garments: a manual on their design and fabrication[M]. UK:Bath Press, 1995.

[124] Meynders M J, de Lange A, Netten P M. Micricirculation in the foot sole as a function of mechanical pressure[J]. Clinical Biomechanics, 1996, 11: 410-417.

[125] Convery P, Buis A W P. Socket/stump interface dynamic pressure distributions recorded during the prosthetic stance phase of gait of trans-tibial amputee wearing a hydrocast socket[J]. Prosthetics and Orthotics International, 1999, 23(2): 107-112.

[126] Zhang C Q, Ji X M, Xue Y M, et al. Statistical ankle-shape and pressure analysis for design of elastic tubular bandage. Proceedings of the Institution of Mechanical Engineers, Part H: Journal of Engineering in Medicine, 2020, 235(2):133-140.

[127] Kirk W J, Ibrahim S M. Fundamental relationship of fabric extensibility to anthropometric requirements and garment performance[J]. Textile Research Journal, 1966, 36(1): 37-47.

[128] Barhoumi H, Marzougui S, Abdessalem S B. Clothing Pressure Modeling Using the Modified Laplace's Law[J]. Clothing and Textiles Research Journal, 2019, 38(2).

[129] 刘红,陈东生,魏取福.服装压力对人体生理的影响及其客观测试 [J].纺织学报, 2010,31(03):138-142.

[130] 常航,侯振德,屈川.柔性膜挤压式压力传感器的研制 [J].传感技术学报,2021, 34(07):859-866.

[131] Yu H, Zheng D F, Liu Y, et al. Data Glove with Self-Compensation Mechanism Based on High-Sensitive Elastic Fiber-Optic Sensor[J]. Polymers,2022,15(1).

[132] Al Mashagbeh M, Alzaben H, Abutair R, et al. Gait Cycle Monitoring System Based on Flexiforce Sensors[J]. Inventions,2022,7(3).

[133] Wang D, Cai P. Finite Element Analysis of the Expression of Plantar Pressure Distribution in the Injury of the Lateral Ligament of the Ankle[J]. Nano Biomedicine and Engineering,2019,11(3).

[134] Annie Y, Kit L Y, Sun P N, et al. Numerical simulation of pressure therapy glove by using Finite Element Method[J]. Burns,2016,42(1).

[135] Dai X Q, Zeng X Y, Liu S R, et al. Is skin pressure in load carriage over-evaluated?[J]. Journal of Biomechanics,2022,130.

[136] Hiroyuki K, Kentaro O, Tetsu S, et al. Development of Kinematic Soft Dummy and

Application on Clothing Pressure Measurement of Men's Suit Pants: 一般论文 [J]. Journal of Fiber Science and Technology,2021,77(11).

[137] 汤倩,肖居霞,魏取福.运动服动态压力测试系统的构建与评价 [J].纺织学报, 2009,30(09):123-126.

[138] 于欣禾,王建萍.基于虚拟服装压力的针织骑行服样板优化方法 [J].服装学报, 2019,4(02):127-135.

[139] 刘婵婵,缪旭红,冯杏清.针织无缝跑步运动衫动态压力影响因素分析 [J].上海纺织科技,2019,47(08):60-63.

[140] 陈晓娜,阮佳.压缩式运动文胸静态与动态压力变化规律研究 [J].针织工业, 2019(02):61-64.

[141] 田友如.三维动态捕捉技术在评价不同面料运动裤服装压力的应用研究 [J].中国新技术新产品,2020(12):4-6.

[142] 顾罗铃,王永荣,马冬冬.基于三维扫描的医疗袜压力分布预测模型研究 [J].针织工业, 2020(04):58-61.

[143] 鲁虹,宋佳怡,李柽安.梯度压力袜在跑步运动中的压力分布 [J].毛纺科技, 2022,50(07):63-70.

[144] Zwiers R, Blankevoort L, Swier C A. Taping techniques and braces in football[C]. In: d' Hooghe P., Kerkhoffs G. (eds) The ankle in football. Paris: Springer, 2014: 287-310.

[145] Dizon J, Reyes J. A systematic review on the effectiveness of external ankle supports in the prevention of inversion ankle sprains among elite and recreational players[J]. Journal of Science & Medicine in Sport, 2010, 13(3): 309-317.

[146] Choisne J, HochM C, Bawab S, et al. The effects of a semi-rigid ankle brace on a simulated isolated subtalar joint instability[J]. Journal of Orthopaedic Research, 2013, 31(12): 1869-1875.

[147] Sitler M, Ryan J, Wheeler B, et al. The efficacy of a semirigid ankle stabilizer to reduce acute ankle injuries in basketball: a randomized clinical study at west point[J]. The American Journal of Sports Medicine, 1994, 22(4): 454-461.

[148] Kleipool R P, Natenstedt M J J, Streekstra M G J, et al. The Mechanical Functionality of the EXO-L Ankle Brace[J]. The American Journal of Sports Medicine, 2016, 44(1): 171-176.

[149] Cao S, Wang C, Zhang G, et al. Effects of an ankle brace on the in vivo kinematics of patients with chronic ankle instability during walking on an inversion platform[J]. Gait & Posture, 2019, 72: 228-233.

[150] Zhang S, Wortley M, Chen Q, et al. Efficacy of an ankle brace with a subtalar locking system in inversion control in dynamic movements[J]. Journal of Orthopaedic & Sports Physical Therapy, 2009, 39(12): 875-883.

[151] Trégouet P, Merland F, Horodyski M B. A comparison of the effects of ankle taping styles on biomechanics during ankle inversion[J]. Annals of Physical & Rehabilitation Medicine, 2013, 56(2): 113-122.

[152] Kuni B , Mussler J , Kalkum E, et al. Effect of kinesiotaping, non-elastic taping and bracing

on segmental foot kinematics during drop landing in healthy subjects and subjects with chronic ankle instability[J]. Physiotherapy, 2016, 102(3): 278-293.

[153] 王正义. 踝关节外科学 [M]. 2 版. 北京：人民卫生出版社, 2015.

[154] 陶凯. 人体足踝系统建模与相关力学问题研究——"中国力学虚拟人"项目之足踝部分 [D]. 上海交通大学博士学位论文, 2010.

[155] Heim M, Siev-Ner Y, Nadvorna H, et al. Metatarsal-phalangeal sesamoid bones[J]. Current Orthopaedics, 1997, 11(4): 267-270.

[156] Mkandawire C, Ledoux W R, Sangeorzan B J, et al. Foot and ankle ligament morphometry[J]. Journal of Rehabilitation Research & Development, 2005, 42(6): 809-820.

[157] Siegler S, Block J, Schneck C D. The mechanical characteristics of the collateral ligaments of the human ankle joint[J]. Foot & Ankle, 1988, 8(5): 234-342.

[158] Erdemir A, Hamel A J, Fauth A R, et al. Dynamic loading of the plantar aponeurosis in walking[J]. Journal of Bone & Joint Surgery-american Volume, 2004, 86-A(3): 546-552.

[159] Lichtwark G A. In vivo mechanical properties of the human Achilles tendon during one-legged hopping[J]. Journal of Experimental Biology, 2005, 208(24): 4715-4725.

[160] 丁玉兰. 人机工程学 [M]. 北京：北京理工大学出版社, 2017.

[161] Jastifer J R, Gustafson P A. The subtalar joint: Biomechanics and functional representations in the literature[J]. The Foot, 2014, 24 : 203-209.

[162] Manter J T. Movements of the subtalar and transverse tarsal joints[J]. Anatomical Record, 1941, 80(4): 397-410.

[163] Isman R, Inman V. Anthropometric studies of the human foot and ankle[J]. Foot & Ankle, 1969, 11: 97-129.

[164] Langelaan E J V. A kinematical analysis of the tarsal joints. An X-ray photogrammetric study[J]. Acta orthopaedica Scandinavica Supplementum, 1983, 204:1-269.

[165] Lundberg A, Svensson O K. The axes of rotation of the talocalcaneal and talon avicular joints[J]. The Foot, 1993, 3: 65-70.

[166] Arndt A, Westblad P, Winson I, et al. Ankle and subtalar kinematics measured with intracortical pins during the stance phase of walking[J]. Foot & Ankle International, 2004, 25(5): 357-364.

[167] Lewis G S, Kirby K A, Piazza S J. Determination of subtalar joint axis location by restriction of talocrural joint motion[J]. Gait & Posture, 2007, 25(1): 63-69.

[168] Beimers L, Tuijthof G J M, Blankevoort L, et al. In-vivo range of motion of the subtalar joint using computed tomography[J]. Journal of Biomechanics, 2008, 41(7): 1390-1397.

[169] Allen, Ben L. Physical Examination of the Joints[J]. Jama the Journal of the American Medical Association, 1965, 193(11): 981.

[170] Close J R, Inman V T, Poor P M, et al. The function of the subtalar joint [J]. Clinical Orthopaedics & Related Research, 1967, 50(1): 159.

[171] Mcmaster M . Disability of the hindfoot after fracture of the tibial shaft[J]. Journal of Bone & Joint Surgery British Volume, 1976, 58(1): 90.

[172] Parr W C H, Chatterjee H J, Soligo C. Calculating the axes of rotation for the subtalar and talocrural joints using 3D bone reconstructions[J]. Journal of Biomechanics, 2012, 45(6):1103-1107.

[173] White S, Yack H, Winter D. A three-dimensional musculoskeletal model for gait analysis. Anatomical variability estimates[J]. Journal of Biomechanics, 1989, 22 (8-9): 885-893.

[174] Kepple T M, Rd S H, Lohmann S K, et al. A three-dimensional musculoskeletal database for the lower extremities[J]. Journal of Biomechanics 1997, 31 (1): 77-80.

[175] Brand R A. A Model of Lower Extremity Muscular Anatomy[J]. Journal of Biomechanical Engineering, 1982, 104(4): 304-310.

[176] Glitsch U, Baumann W. The three-dimensional determination of internal loads in the lower extremity[J]. Journal of Biomechanics, 1997, 30 (11-12): 1123-1131.

[177] Garner B, Pandy M. The obstacle-set method for representing muscle paths in musculoskeletal models[J]. Computer methods in biomechanics and biomedical engineering, 2000, 3 (1): 1-30.

[178] 唐刚. 人体典型运动生物力学仿真分析 [D]. 上海交通大学博士学位论文, 2011.

[179] 郭磊, 赵竞, 胡钢. 基于多约束变形的产品造型定制设计 [J]. 机械设计, 2016, 1: 116-119.

[180] 施法中. 计算机辅助几何设计与非均匀有理 B 样条 [M]. 北京: 高等教育出版社, 2001.

[181] 孟凡文. 面向光栅投影的点云预处理与曲面重构技术研究 [D]. 南昌大学博士学位论文, 2010.

[182] Oruc H, Philips G M. Q-Bernstein Polynomials and Bézier curves [J]. Journal of computational & applied mathematics, 2003, 151(1): 1-12.

[183] Wan F K W, Yick K L, Yu W W M. Validation of a 3D foot scanning system for evaluation of forefoot shape with elevated heels[J]. Measurement, 2016, 99: 134-144.

[184] 刘国忠, 王伯雄, 史辉, 等. 激光线扫描足部三维测量方法及其应用 [J]. 清华大学学报 (自然科学版), 2008, 48(5): 820-823.

[185] 单大卯. 人体下肢肌肉功能模型及其应用的研究 [D]. 上海体育学院博士学位论文, 2003.

[186] Dettwyler M, Stacoff A, Inès A, et al. Modelling of the ankle joint complex. Reflections with regards to ankle prostheses[J]. Foot & Ankle Surgery, 2004, 10(3): 109-119.

[187] Bogert A J V D, Smith G D, Nigg B M. In vivo determination of the anatomical axes of the ankle joint complex: an optimization approach.[J]. Journal of Biomechanics, 1994, 27(12): 1477-1488.

[188] Hayes A, Tochigi Y, Saltzman C L. Ankle morphometry on 3D-CT images[J]. The Iowa orthopaedic journal, 2006, 26: 1-4.

[189] Imai K, Tokunaga D, Takatori R, et al. In Vivo Three-Dimensional Analysis of Hindfoot Kinematics[J]. Foot & Ankle International, 2009, 30(11): 1094-1100.

[190] Siegler S, Toy J, Seale D, et al. The Clinical Biomechanics Award 2013——presented by

the International Society of Biomechanics: new observations on the morphology of the talar dome and its relationship to ankle kinematics[J]. Clinical Biomechanics, 2014, 29(1): 1-6.

[191]   Buchanan T S, Lloyd D G, Manal K, et al. Neuromusculoskeletal modeling: estimation of muscle forces and joint moments and movements from measurements of neural command[J]. Journal of Applied Biomechanics, 2004, 20(4): 367-395.

[192]   Lueder R K. Seat comfort: A review of the construct in the office environment[J]. Human Factors The Journal of the Human Factors and Ergonomics Society, 1984, 25(6): 701-711.

[193]   Helander M G, Zhang L. Field studies of comfort and discomfort in sitting[J]. Ergonomics, 1997, 40(9): 895-915.

[194]   De Looze M P, Kuijt-Evers L F M, Van Dieen J. Sitting comfort and discomfort and the relationships with objective measures[J]. Ergonomics, 2003, 46(10): 985-997.

[195]   Floyd W F, Roberts D F. Anatomical and Physiological Principles in Chair and Table Design[J]. Ergonomics, 1958, 2(1): 1-16.

[196]   Branton P. Behaviour, body mechanics and discomfort. Ergonomics, 1969, 12: 316-327.

[197]   Bishu R R, Hallbeck M S, Riley M W, et al. Seating comfort and its relationship to spinal profile: A pilot study[J]. International Journal of Industrial Ergonomics, 1991, 8(1): 89-101.

[198]   Shackel B, Chidsey K D, Shipley P. The assessment of chair comfort[J]. Ergonomics, 1969, 12: 269-306.

[199]   Zhang L, Helander M G, Drury C G. Identifying Factors of Comfort and Discomfort in Sitting[J]. Human Factors: The Journal of the Human Factors and Ergonomics Society, 1996, 38(3):377-389.

[200]   Helander, Martin G. Forget about ergonomics in chair design? Focus on aesthetics and comfort![J]. Ergonomics, 2003, 46(13-14): 1306-1319.